用Python
實作強化學習
使用TensorFlow與OpenAI Gym

謹獻給摯愛雙親、

我的哥哥 *Karthikeyan* 與摯友 *Nikhil Aditya*。

— *Sudharsan Ravichandiran*

關於作者

About the author

Sudharsan Ravichandiran 是位資料科學家、研究者、人工智慧狂熱者與 YouTuber（請搜尋 *Sudharsan reinforcement learning*），在 Anna University 取得資訊科技學士學位，研究領域是深度學習與強化學習的實務性實作，包含自然語言處理與電腦視覺。他曾經是接案的網路開發設計者，設計過的網站有得過獎，同時也熱心投入開放原始碼領域，並樂於在 Stack Overflow 網站上回答各種問題。

我要感謝最棒的爸媽與哥哥 *Karthikeyan*，在我的人生旅程中不斷激勵和鼓舞我，最誠摯的感謝要獻給我最好的朋友 *Nikhil Aditya*，妳就是最棒的，也獻給本書編輯 *Amrita* 與我的另一半 *Soeor*。沒有他們的支持，本書不可能完成。

關於審校

Suriyadeepan Ramamoorthy 是 Elsevier Labs 的技術研究總監，隸屬於 Reed-Elsevier 集團下的科技研究團隊。他的興趣領域包含語意搜尋、自然語言處理、機器學習與深度學習等。他在 Elsevier 的工作內容包含搜尋品質評量與改善、影像分類、重複內容偵測，以及開發對於醫學 / 科學相關文集的註解與基於本體論的自動摘要。他與 Antonio Gulli 合寫了一本關於深度學習的書（Deep Learning with Keras: Implementing deep learning models and neural networks with the power of Python），並在個人部落格 Salmon Run 上發表了很多科技文章。

Suriyadeepan Ramamoorthy 是來自印度本地治里市的 AI 研究員與工程師，主要研究領域為自然語言理解與推論。他的部落格有很多關於深度學習的文章。

他任職於 SAAMA technologies 公司，將進階深度學習技巧應用於生醫領域的文字分析。他是自由軟體的擁護者，積極參與泰米爾納德邦自由軟體基金會（Free Software Foundation Tamil Nadu，FSFTN）的諸多社群開發活動。其他個人興趣包含社群網路、資料視覺化與創意程式設計。

目錄
Contents

4 **使用 Monte Carlo 方法來玩遊戲 071**

5   時間差分學習 097

6   多臂式吃角子老虎機問題 119

8 使用深度 Q 網路來玩 Atari 遊戲 183

前言

Preface

強化學習可說是能自我演進的機器學習，能帶領我們達到真正的人工智慧。本書好讀又容易上手，運用了大量 Python 範例來從頭解釋所有東西。

本書是為誰所寫

本書的目標讀者是機器學習開發者，還有對人工智慧有興趣並想要從頭開始學習強化學習的深度學習狂熱者。跟著本書實作各種實務性的專題範例，可以幫助你成為強化學習的專家。具備關於線性方程式、微積分與 Python 程式設計的基礎知識，能讓你更理解本書的脈絡。

本書內容

第 1 章　認識強化學習

介紹何謂強化學習以及其運作原理。介紹強化學習的各種元素，如代理、環境、策略與模型，並帶領讀者認識用於強化學習的各種環境、平台與函式庫，以及強化學習的一些應用。

第 2 章　認識 OpenAI 與 TensorFlow

建置使用強化學習的電腦環境，包括 Anaconda、Docker、OpenAI Gym、Universe 與 TensorFlow 的安裝設定，並說明如何在 OpenAI Gym 中來模擬代理，以及如何建置一個會玩電玩遊戲的機器人程式。另外也會解說 TensorFlow 的基礎觀念以及如何使用 TensorBoard 來進行視覺化操作。

第 3 章　Markov 決策過程與動態規劃

從介紹何謂 Markov 鍊與 Markov 流程開始，說明如何使用 Markov 決策流程來對強化學習問題建模。接著是一些重要的基本概念，例如價值函數、Q 函數與 Bellman 方程式。然後介紹動態規劃以及如何運用價值迭代與策略迭代來解決凍湖問題。

第 4 章　使用 Monte Carlo 方法來玩遊戲

介紹了 Monte Carlo 法與不同類型的 Monte Carlo 預測法，如首次拜訪 MC 與每次拜訪 MC，並說明如何使用 Monte Carlo 法來玩二十一點這項撲克牌遊戲。最後會介紹現時與離線這兩種不同的 Monte Carlo 控制方法。

第 5 章　時間差分學習

介紹時間差分（TD）學習、TD 預測與 TD 的現時 / 離線控制法，如 Q 學習與 SARSA。並說明如何使用 Q 學習與 SARSA 來解決計程車載客問題。

第 6 章　多臂式吃角子老虎機問題

要討論的是強化學習的經典問題：多臂式吃角子老虎機（MAB）問題，也稱為 k 臂式吃角子老虎機（MAB）問題。介紹如何使用各種探索策略來解決這個問題，例如 epsilon- 貪婪、softmax 探索、UCB 與湯普森取樣。本章後半也會介紹如何運用 MAB 來對使用者顯示正確的廣告橫幅。

第 7 章　深度學習的基礎概念

介紹深度學習的重要觀念。首先說明何謂神經網路，接著是不同類型的神經網路，如 RNN、LSTM 與 CNN 等。本章將實作如何自動產生歌詞與分類時尚產品。

第 8 章　使用深度 Q 網路來玩 Atari 遊戲

介紹了一套最常用的深度強化學習演算法：深度 Q 網路（DQN）。接著介紹 DQN 的各個元件，並說明如何運用 DQN 建置代理來玩 Atari 遊戲。最後介紹一些新型的 DQN 架構，如雙層 DQN 與競爭 DQN。

第 9 章　使用深度循環 Q 網路來玩毀滅戰士

介紹深度循環 Q 網路（DRQN），並說明它與 DQN 的差異。本章會運用 DRQN 建置代理來玩毀滅戰士遊戲。同時介紹深度專注循環 Q 網路，它在 DRQN 架構中加入了專注機制。

第 10 章　非同步優勢動作評價網路

介紹了非同步優勢動作評價網路（A3C）的運作原理。我們將帶領你深入了解 A3C 的架構，並學會如何用它來建置會爬山的代理。

第 11 章　策略梯度與最佳化

說明策略梯度如何在不需要 Q 函數的前提下，幫助我們找到正確的策略。同時還會介紹深度確定性策略梯度法，以及最新的策略最佳化方法，如信賴域策略最佳化與近端策略最佳化。

第 12 章　總和專題 – 使用 DQN 來玩賽車遊戲

使用 DQN 來玩賽車遊戲本章將帶領你運用競爭 DQN 來建置代理，讓它學會玩賽車遊戲。

第 13 章　近期發展與下一步

介紹強化學習領域中的各種最新發展，例如想像增強代理、從人類偏好來學習、由示範來進行的深度 Q 學習以及事後經驗回放等等，然後談到了不同的強化學習方法，如層次強化學習與逆向強化學習。

本書所需軟體

本書所需軟體如下：

- Anaconda

- Python

- 任何一款瀏覽器

- Docker

下載範例檔案

本書範例檔案可至以下連結下載：

https://github.com/PacktPublishing/Hands-On-Reinforcement-Learning-with-Python

短網址：https://bit.ly/2HcywEK

如果程式碼有更新的話，會直接放在這個 GitHub 檔案庫中。

本書使用慣例

本書運用了不同的字體來代表不同的體例。

程式碼（CodeInText）

文字、資料庫表單名稱、資料夾名稱、檔案名稱、副檔名稱、路徑名稱、虛擬 URL，使用者輸入和推特用戶名稱都會以此顯示。例如：載入已下載的 WebStorm-10*.dmg 磁碟映像檔，做為系統的另一個磁碟。

以下是一段程式碼：

```
policy_iteration():
    Initialize random policy
    for i in no_of_iterations:
        Q_value = value_function(random_policy)
        new_policy = Maximum state action pair from Q value
```

命令列 / 終端機的輸入輸出訊息會這樣表示：

```
bash Anaconda3-5.0.1-Linux-x86_64.sh
```

粗體（Bold）

代表新名詞、重要字詞或在畫面上的文字會以粗體來表示。例如，在選單或對話窗中的文字就會以粗體來表示。

警告和注意事項會用這個圖示來標示。

祕訣和技巧則會使用這個圖示來標示。

認識強化學習

強化學習（**Reinforcement Learning，RL**）是機器學習的一個分支，學習是在與環境互動的過程中發生的。它屬於目標導向式學習，學習者並非從其所採取的動作來學習，而是根據所做的動作的結果來學習。各式各樣的演算法讓這個領域發展得非常快速，它也是**人工智慧**中最活躍的研究領域之一。

本章學習重點如下：

- RL 的基本觀念

- RL 演算法

- 代理環境介面

- 各種類型的 RL 環境

- 各種 RL 平台

- 各種 RL 應用

什麼是 RL？

假設你想教狗狗接球，但無法透過直接示範接球來教會牠。你只能把球丟出去，狗狗只要接到球，就給牠一塊餅乾；如果沒接到球的話，就沒有餅乾。這樣狗狗就會知道哪個動作會收到餅乾，只要重複做這個動作就好。

同樣地，在 RL 環境中，你不是去教導代理要做什麼以及怎麼做，反之是對代理所做的每個動作都給一個獎勵。獎勵可能為正向或負向。代理就會去執行那些會讓它得到正向獎勵的動作。因此，這是一個試誤的過程。在上個比喻中，狗狗就是代理。當狗狗接到球就給一片餅乾，這是正向獎勵，不給餅乾則是負向獎勵。

獎勵可能延遲發放。你可能不會在每一步驟都得到獎勵，而可能是在完成一項任務之後才給。在某些情況下，你在每一步驟都會得到獎勵，這樣就能知道有沒有犯錯。

想像一下，你要教導機器人如何走路且不會撞到小山，但做法不是直接告訴機器人不要朝著山前進：

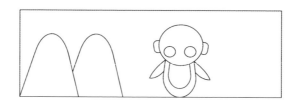

反之，如果機器人撞到山並且卡住的話，你會扣 10 分來讓機器人理解到撞到山會導致一個負面獎勵，它就不會再朝這個方向走了：

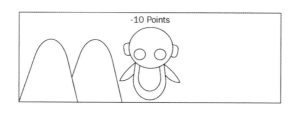

當機器人沿著正確方向前進且不會被卡住的話,它會得到 20 分。這樣一來,機器人就知道哪條才是正確的道路,它會嘗試沿著正確的道路移動,期望得到最多的獎勵:

RL 代理會去**探索(explore)**各種可能會讓它得到正向獎勵,或者它會再次**運用(exploit)**前一個可導致正向獎勵的動作。如果 RL 代理又一直去探索不同動作的話,代理很有可能得到相當差的獎勵,因為後續的動作很難是最好的。但如果 RL 代理只去做它已知的最佳動作,也相當有可能漏掉實際上能提供更棒獎勵的最佳動作。在探索新動作與運用既有動作,兩者之間一定有取捨。我們無法同時讓探索與運用都最佳化。後續章節會深入討論這個探索 - 運用難題。

 ## RL 演算法

常見的 RL 演算法包含了以下步驟:

1. 首先,代理會執行某個動作來與環境互動。

2. 代理執行某個動作,並從一個狀態轉移到下一個狀態。

3. 根據所執行的動作,代理會收到一個獎勵。

4. 代理會根據獎勵來理解到這個動作是好是壞。

5. 如果動作結果很好，也就是代理收到了一個正向獎勵，代理就會傾向於執行這個動作，不然代理就會試著去做其他會產生正向獎勵的動作。因此，這基本上就是個試誤型的學習流程。

 ## RL 與其他 ML 方法有何不同？

在監督式學習中，機器（代理）是經由一組已標記的訓練輸入資料來學習並輸出結果。目標是讓模型能學會如何推斷與歸納，好讓它能適用於未見過的資料。在此會有一位具備完整環境知識的外部監督者，它會監督代理來完成任務。

回想一下之前的狗狗接球範例；在監督式學習中如果要教狗狗接球的話，我們會明確地告訴狗狗：左轉、右轉、前進五步、接球等等。但換成 RL 的話，我們就是把球丟出去而已，每次狗狗接到球，我們給它一片餅乾（獎勵）。這樣一來狗狗就會藉由得到餅乾來學會如何接球。

在非監督式學習中，我們只提供模型以及只有幾組輸入的訓練資料；模型會學習如何去判斷輸入中隱藏的型態。常見的誤解是把 RL 視為非監督式學習，但事實上不是。在非監督式學習中，模型會學習隱藏的架構，但 RL 的作法是讓模型藉由獎勵最大化來學習。假設我們想對使用者推薦新電影，非監督式學習會去分析使用者看過的類似電影來推薦，RL 則是不斷接收來自使用者的回饋、理解他們對於電影的喜好，並以此建立一個知識庫來推薦新的電影。

另外還有稱為半監督式學習（semi-supervised learning）的學習方式，基本上就是監督式與非監督式學習的組合，它需要對已標記與未標記的資料進行函數估計，在此 RL 就是代理與其所處環境的互動方式。因此，RL 與其他的機器學習法是完全不同的。

RL 所包含的重要元素

RL 所包含的元素一一介紹如下：

◉ 代理

代理是指一個能執行智能決策的軟體程式，就是 RL 中的學習者。代理藉由與環境的互動來作出某些動作，並根據所採取的動作來收到獎勵，例如，超級瑪利在遊戲中移動。

◉ 策略函數

策略（policy）定義了代理在環境中的行為。代理會根據策略來決定到底要做哪個動作。假設你想要從家裡出發到辦公室，去辦公室的路有很多條，有些路是捷徑，有些則比較長。這些路徑就稱為策略，因為它們代表了我們選擇某個動作來達到目標的方式。策略通常是用符號 π 來表示，而策略可能是個查找表或更複雜的搜尋流程。

◉ 價值函數

價值函數（Value Function）代表代理在某個狀態中到底有多好。它與某個策略是相依的，且常用 $v(s)$ 來表示。它等於代理從初始狀態開始之後所收到的總期望獎勵。價值函數可以有多個；最佳價值函數代表這個函數與其他函數相比，在所有的狀態中都得到了最高的價值。同樣地，最佳策略就是擁有最佳價值函數的那一個策略。

◉ 模型

模型是代理在某個環境的表現。學習有兩種類型：模型式（model-based）學習與無模型（model-free）學習。在模型式學習中，代理會運用先前所學到的資訊來完成一項任務，另一方面在無模型學習中，代理只仰賴執行正確動作所得的試誤經驗。假設你希望從家裡去辦公室能更快抵達,在模型式學習中,你只會運用先前的學習經驗(以上班範例來說就是地圖)好更快抵達辦公室;反之在無模型學習中,你不會運用先前的經驗,而是嘗試所有不同的路徑之後選最快的那一條。

 ## 代理環境介面

代理就是軟體,從時間點 t 執行動作 A_t,好從狀態 S_t 移動到另一個 S_{t+1}。根據不同的動作,代理會從環境收到一個數值獎勵 R。至終,RL 就是在尋找能讓這個數值獎勵不斷增加的最佳動作:

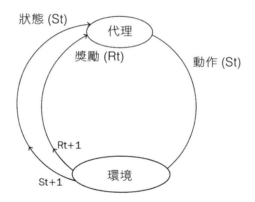

在此用一個迷宮遊戲讓你理解 RL 的概念:

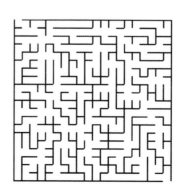

迷宮遊戲的目標是不被障礙物困住並順利抵達終點，流程如下：

- 代理會試著穿過迷宮，也就是我們所寫的軟體程式 / RL 演算法。

- 環境就是迷宮。

- 狀態是指代理當下所在的迷宮位置。

- 代理會執行某個動作來從一個狀態移動到另一個狀態。

- 如果代理的動作不會撞到任何障礙物的話，它會收到一個正面獎勵，但如果所採取的動作會撞到障礙物而無法抵達目的地，就會收到一個負面獎勵。

- 目標是走完迷宮並抵達終點。

 ## RL 的環境類型

代理所互動的任何東西都稱為環境。環境就是代理外部的世界，包含了其自身之外的所有東西。環境有很多種類型，接下來一一說明。

◉ 決定型環境

如果我們能根據當下狀態來得知結果的話，這個環境稱為決定型（deterministic）。例如在西洋棋遊戲中，我們清楚知道移動任何一個棋子之後的結果。

◉ 隨機型環境

如果無法從當下狀態來判斷結果的話，這個環境稱為隨機型（stochastic）。這種環境有非常高的不確定性。例如，我們無法得知每次丟骰子會丟出哪個數字。

◉ 完全可觀察環境

當代理不論何時都能判斷系統狀態時，這個環境稱為完全可觀察（fully observable）。例如在西洋棋遊戲中，系統狀態，也就是所有棋子在棋盤上的位置，都是隨時可知的，因此玩家可以採取最佳的決策。

◉ 部分可觀察環境

當代理無法隨時判斷系統狀態時，這個環境稱為部分可觀察（partially observable）。例如，打撲克牌時，我們無法得知對手拿到什麼牌。

◉ 離散型環境

當可由某狀態移動到另一個狀態的動作數量有限時，稱為離散型（discrete）環境。例如在西洋棋遊戲中，可用的走法集合是固定的。

◉ 連續型環境

當可由某狀態移動到另一個狀態的動作數量為無限時，稱為連續型（continuous）環境。例如從出發點到目的地有各種不同的路徑。

◉ 世代型與非世代型環境

世代型（episodic）環境也稱為**非順序型（non-sequential）**環境。在世代型環境中，代理當下的動作不會影響到未來的動作；但在非世代型環境，代理當下的動作就會影響到未來的動作，因此也稱為**順序型（sequential）**環境。意思是說，代理在世代型環境中所執行的是獨立的任務，反之在非順序型環境中，所有代理的動作都彼此相關。

◉ 單一代理與多重代理環境

人如其名，單一代理（single-agent）環境中只有一個代理，多重代理（multi-agent）則有多個代理。多重代理環境已廣泛用於執行各種複雜任務。會有不同的代理在完全不同的環境中活動。這些位於不同環境中的代理可以彼此溝通。由於不確定性非常高,因此多重代理環境多數都是隨機的。

 ## RL 的各種平台

有許多 RL 平台,我們可運用來模擬、建置、彩現與在特定環境中測試我們的 RL 演算法,可用的 RL 平台相當多元,接下來一一介紹:

◉ OpenAI Gym 與 Universe

OpenAI Gym 是一套用於建置、評估與比較各種 RL 演算法的工具程式。它相容於各種框架的演算法,像是 TensorFlow、Theano 與 Keras 等等。它相當簡單好懂,對代理的架構上沒有什麼要求,並對各種 RL 任務都提供了不錯的介面。

OpenAI Universe 則是 OpenAI Gym 的延伸擴充,提供了各種環境來訓練與評估代理的效能,從陽春到超複雜的即時環境都有,它也能完全控制許多遊戲環境。只要運用 Universe,任何程式都能轉換為 Gym 環境,而不用動到程式的核心原始碼或 API,因為 Universe 是自動在一個虛擬網路運算的遠端桌面上來運行程式。

◉ DeepMind Lab

DeepMind Lab 是另一個超棒的 AI 代理研究平台。它提供相當豐富的模擬環境,可視為一個執行各種 RL 演算法的小實驗室,客製化程度與擴充性都相當好。它提供的視覺效果相當豐富,不但是科幻風格而且相當逼真。

◉ RL-Glue

RL-Glue 提供了連接代理、環境與程式的介面，就算這些東西是用不同的程式語言寫的也沒問題。它能讓你把代理與環境分享給別人，這樣別人就能在你的作品上繼續動工。也正因為這個相容性，它的可用性也大大提升了。

◉ Project Malmo

Project Malmo 是一款由 Microsoft 所推出，建立在 Minecraft 創世神遊戲之上的 AI 試驗平台。它對於自行修改環境的彈性相當好，也整合了相當複雜的環境。它也允許超頻，讓程式設計者可以用比標準 Minecraft 更快的速度來處理各個場景。不過，Malmo 現在只提供 Minecraft 遊戲環境，這是與 Open AI Universe 最大的不同。

◉ ViZDoom

ViZDoom，人如其名是一款以毀滅戰士遊戲（Doom）為基礎的 AI 平台。它支援多重代理與競賽型環境來測試代理。不過，ViZDoom 只能搭配毀滅戰士遊戲環境。另外還支援後台彩現（off-screen rendering）與單一 / 多重玩家模式。

RL 的各種應用

隨著各種技術突破與研究發展，RL 每天都在各個領域有相當快速的演進，涵蓋了電玩遊戲到自動駕駛車，後續段落會稍微提到其中幾種 RL 應用。

◉ 教育

許多線上教學平台運用了 RL 來針對不同背景的學習者提供了個人化的教學內容。有些學生喜歡影片教材，有些則可由專題實作達到更好的學習效果，有些則習慣藉由作筆記來學習。RL 在此就能根據每個學生的學習風格來調整學習內容，還能根據使用者的行為來彈性修改。

◉ 醫學與健康照護

RL 在醫學與健康照護領域也有非常廣泛的應用；包含了個人化醫療、根據醫學影像來診斷、由臨床決策取得醫療方法、醫學影像分割等等。

◉ 製造業

製造業採用智能機器人將物品放到正確的位置。不論機器人成功或失敗放置物品，它都會記得這個物品並自我訓練來提高正確度。運用智能代理可以降低人力成本並取得更好的成效。

◉ 庫存管理

RL 也大量用於庫存管理這項至關重要的商業活動。這些活動包含供應鏈管理、需求預測與處理各種倉儲作業（像是如何在倉庫中擺放商品以達到最好的空間效率）。DeepMind 公司中的 Google 研究員已經開發出數種 RL 演算法，能有效降低自家資料中心的耗電量。

◉ 金融

資產管理也是 RL 大展身手的地方，例如頻繁地把資金重新分配到不同的金融商品，以及在商業交易市場上進行預測與交易。JP Morgan 已成功運用 RL 在大型訂單上取得更好的交易成果。

◉ 自然語言處理與電腦視覺

深度學習與 RL 聯手出擊之後，**深度強化學習（Deep Reinforcement Learning，DRL）在自然語言處理（Natural Language Processing，NLP）**與電腦視覺領域上也熱門了起來。DRL 已被用於摘要擷取（text summarization）、資訊萃取、機器翻譯與影像辨識，可做到比現行系統更好的準確性。

總結

我們在本章中學會了 RL 的基礎與一些關鍵概念，也知道構成 RL 的各個元素與不同類型的 RL 環境。另外還介紹了許多現成的 RL 平台與 RL 在各種專業領域的應用。

下一章「認識 *OpenAI* 與 *TensorFlow*」，我們會解說 OpenAI 與 TensorFlow 的基礎知識以及如何安裝，後續則會討論如何模擬環境，並教導代理在環境中學習。

 問題

本章問題如下：

1. 什麼是強化學習？

2. RL 與其他機器學習演算法有何不同？

3. 什麼是代理，它如何學習？

4. 策略函數與價值函數有何不同？

5. 模型式學習與無模型學習有何不同？

6. RL 中有哪些不同類型的環境？

7. OpenAI Universe 與其他 RL 平台有何不同？

8. RL 有哪些應用？

 延伸閱讀

- **RL 總覽**：https://www.cs.ubc.ca/~murphyk/Bayes/pomdp.html

認識 OpenAI 與 TensorFlow

OpenAI 是一家非營利且開放原始碼的**人工智慧**研究單位，該公司由 Elon Musk 與 Sam Altman 所成立，目標在於打造一般性的 AI，並由諸多業界頂尖公司所贊助。OpenAI 有兩種方案：Gym 與 Universe，我們可用於模擬各種環境、建立**強化學習演算法（Reinforcement Learning，RL）**，還能在這些環境中測試代理。TensorFlow 是由 Google 所推出的開放原始碼機器學習函式庫，已廣泛用於各種數值運算。後續章節中，我們會運用 OpenAI 與 TensorFlow 來建置與評估各種厲害的 RL 演算法。

本章學習重點如下：

- 設定電腦，包含安裝 Anaconda、Docker、OpenAI Gym、Universe 與 TensorFlow
- 使用 OpenAI Gym 與 Universe 來模擬環境

- 訓練機器人走路
- 製作會玩遊戲的機器人
- TensorFlow 基本概念
- 學會如何操作 TensorBoard

設定電腦 ▪▪▪

安裝 OpenAI 沒辦法一鍵完成；有許多步驟需要正確設定系統並執行才能完成。現在來看看如何設定電腦與安裝 OpenAI Gym 與 Universe。

◉ 安裝 Anaconda

本書所有範例都是使用 Anaconda 版的 Python。Anaconda 是 Python 的一款開放原始碼版本，普遍用於科學計算與處理超大量的資料。具備相當強大的套件管理功能，支援 Windows、macOS 與 Linux 等作業系統。Anaconda 會一併把 Python 與諸多常用科學計算套件安裝好，例如 NumPy 與 SciPy 等等。

請由此下載 Anaconda：`https://www.anaconda.com/download/`，你會看到不同作業系統的下載方案。

如果你是使用 Windows 或 Mac，可以根據你電腦規格直接下載對應的圖形化安裝檔並依照步驟安裝。

如果你是使用 Linux 作業系統，請依照下列步驟操作：

1.　開啟終端機並輸入以下指令來下載 Anaconda：

```
wget https://repo.continuum.io/archive/Anaconda3-5.0.1-Linux-x86_64.sh
```

2.　下載之後，再用以下指令來安裝 Anaconda：

```
bash Anaconda3-5.0.1-Linux-x86_64.sh
```

裝好 Anaconda 之後，我們需要建立一個新的 Anaconda 虛擬環境。為什麼要用到虛擬環境呢？假設你正在製作兩個專題：專題 A 用到 NumPy 1.14 版，專題 B 卻要用到 NumPy 1.13 版。因此要進行專題 B 的話，你就需要降級 NumPy 或重裝 Anaconda。每個專題用不同版本的函式庫而與其他專題不相容。為了避免每次要做新專題就得升級 / 降級或重裝 Anaconda，所以才需要虛擬環境。這樣會針對當下的專題建立一個封閉的環境，如此一來各專題就能擁有其專屬的相依套件，也不會影響到其他專題。請用以下指令來建立環境，且將本環境命名為 universe：

```
conda create --name universe python=3.6 anaconda
```

請用以下指令來啟動環境：

```
source activate universe
```

◉ 安裝 Docker

Anaconda 裝好之後，還需要安裝 Docker。Docker 讓部署應用程式變得相當簡單。假設你想在本機端設定一個具備 TensorFlow 與其他函式庫的應用程式，後續還需要部署到伺服器上，這樣就要在伺服器安裝所有的相依套件。不過只要有了 Docker，就可以把應用程式與相依套件打包成一個容器（container），只要運用這個打包好的 Docker 容器，就能輕鬆在伺服器執行這個應用程式而不再需任何的外部相依套件。由於 OpenAI 不支援 Windows，因此需要透過 Docker 才能在 Windows 上安裝 OpenAI。另外，大部分的 OpenAI Universe 環境都需要 Docker 才能模擬環境。現在來看看如何安裝 Docker 吧。

請到 Docker 網頁（https://docs.docker.com/），你會看到一個叫做 **Get Docker** 的選項；點選它會看到不同作業系統的安裝選項。如果你是使用 Windows 或 Mac 的話，請使用圖形化安裝器來直接下載與安裝 Docker。

如果你是使用 Linux，請根據以下步驟來操作。

開啟終端機並輸入以下指令：

```
sudo apt-get install \
    apt-transport-https \
    ca-certificates \
    curl \
    software-properties-common
```

接著輸入：

```
curl -fsSL https://download.docker.com/linux/ubuntu/gpg | sudo apt-key add -
```

再輸入：

```
sudo add-apt-repository \
    "deb [arch=amd64] https://download.docker.com/linux/ubuntu \
    $(lsb_release -cs) \
    stable"
```

最後輸入以下指令就完成了：

```
sudo apt-get update
sudo apt-get install docker-ce
```

在使用 Docker 之前，你得先加入 Docker 使用者群組才行。請輸入以下指令來加入 Docker 使用者群組：

```
sudo adduser $(whoami) docker
newgrp docker
groups
```

請用內建的 hello-world 程式來測試 Docker 是否安裝完成：

```
sudo service docker start
sudo docker run hello-world
```

為了避免每次都要輸入 sudo 指令才能使用 Docker，請用以下指令來修改：

```
sudo groupadd docker
sudo usermod -aG docker $USER
sudo reboot
```

◉ 安裝 OpenAI Gym 與 Universe

現在來看看如何安裝 OpenAI Gym 與 Universe。不過，在這之前還需要安裝幾個相依套件才行。首先，請用以下指令啟動剛剛才搞定的 conda 環境：

```
source activate universe
```

接著安裝以下相依套件：

```
sudo apt-get update
sudo apt-get install golang libcupti-dev libjpeg-turbo8-dev make tmux htop
chromium-browser git cmake zlib1g-dev libjpeg-dev xvfb libav-tools xorg-dev
python-opengl libboost-all-dev libsdl2-dev swig

conda install pip six libgcc swig
conda install opencv
```

本書是採用 gym 0.7.0 版，可用 pip 指令來安裝 gym：

```
pip install gym==0.7.0
```

或使用以下指令來複製並安裝最新版本的 gym：

```
cd ~
git clone https://github.com/openai/gym.git
cd gym
pip install -e '.[all]'
```

上述指令會取得 gym 檔案庫並以套件格式來安裝 gym，如以下畫面：

常見錯誤與修正方式

安裝 gym 過程當中可能會碰到以下的錯誤。如果碰到這些錯誤，請用以下指令來重新安裝即可：

- Failed building wheel for pachi-py 或 Failed building wheel for pachi-py atari-py:

```
sudo apt-get update
sudo apt-get install xvfb libav-tools xorg-dev libsdl2-dev swig cmake
```

- Failed building wheel for mujoco-py:

```
git clone https://github.com/openai/mujoco-py.git
cd mujoco-py
sudo apt-get update
sudo apt-get install libgl1-mesa-dev libgl1-mesa-glx libosmesa6-dev
python3-pip python3-numpy python3-scipy
pip3 install -r requirements.txt
sudo python3 setup.py install
```

- Error: command 'gcc' failed with exit status 1:

```
sudo apt-get update
sudo apt-get install python-dev
sudo apt-get install libevent-dev
```

OpenAI Universe 也是類似的安裝方法，先取得 universe 檔案庫再以套件 universe 來安裝：

```
cd ~
git clone https://github.com/openai/universe.git
cd universe
pip install -e .
```

安裝過程如以下畫面：

```
●  ●  ●                    sudharsan@sudharsan: ~/universe
File  Edit  View  Search  Terminal  Help
(universe) sudharsan@sudharsan:~$ cd ~
(universe) sudharsan@sudharsan:~$  git clone https://github.com/openai/universe.
git
Cloning into 'universe'...
remote: Counting objects: 1473, done.
remote: Total 1473 (delta 0), reused 0 (delta 0), pack-reused 1473
Receiving objects: 100% (1473/1473), 1.58 MiB | 138.00 KiB/s, done.
Resolving deltas: 100% (935/935), done.
(universe) sudharsan@sudharsan:~$ cd universe
(universe) sudharsan@sudharsan:~/universe$  pip install -e .[]
```

如前所述，由於大多數的 Universe 環境都是執行在 Docker 容器中，Open
AI Universe 自然也需要搭配 Docker。

現在建立一個 Docker 映像檔並命名為 universe：

```
docker build -t universe .
```

Docker 映像檔弄好之後，就要從這個 Docker 映像檔來啟動容器，指令如下：

```
docker run --privileged --rm -it -p 12345:12345 -p 5900:5900 -e
DOCKER_NET_HOST=172.17.0.1 universe /bin/bash
```

 # OpenAI Gym ∎∎∎

有了 OpenAI Gym，就能模擬出各種環境來開發、評估與比較各種 RL 演算
法。現在來認識如何使用 Gym。

◉ 基本模擬

現在來看看如何模擬一個基礎的倒單擺環境：

1. 首先匯入所需的函式庫：

```
import gym
```

2. 接著使用 make 函式來建立一個模擬實例：

```
env = gym.make('CartPole-v0')
```

3. 使用 reset 方法來初始化環境：

```
env.reset()
```

4. 重複執行數次，並在每個步驟中彩現環境：

```
for _ in range(1000):
    env.render()
    env.step(env.action_space.sample())
```

完整程式碼如下：

```
import gym
env = gym.make('CartPole-v0')
env.reset()
for _ in range(1000):
    env.render()
    env.step(env.action_space.sample())
```

執行上述程式應該會看到如下圖的 cart pole 環境：

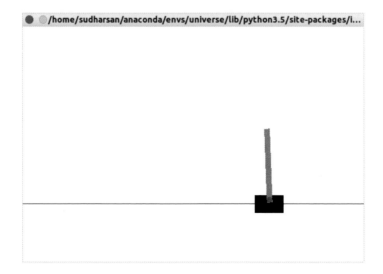

OpenAI Gym 提供了相當多的模擬環境來訓練、評估與建置各種代理。我
們可以到環境開發者的網站上看看資料，或使用以下程式來列出所有可用
的環境：

```
from gym import envs
print(envs.registry.all())
```

既然 Gym 已經提供了這麼多不同的有趣環境，那麼來模擬一個賽車環境，
程式碼如下：

```
import gym
env = gym.make('CarRacing-v0')
env.reset()
for _ in range(1000):
    env.render()
    env.step(env.action_space.sample())
```

執行後會看到以下的輸出畫面：

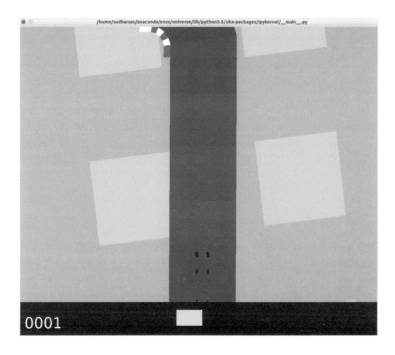

⊙ 訓練機器人走路

本段要運用 Gym 搭配其他基礎功能來訓練機器人走路。

策略是當機器人前進時,給它 X 分,但當機器人失敗的話,就扣 Y 分。如此一來,機器人就能以獎勵最大化的前提來學會走路。

首先要匯入函式庫,接著用 make 指令來建立一個模擬實例。Open AI Gym 提供一個稱為 BipedalWalker-v2 的環境,可以在簡易的地形上訓練機器人代理:

```
import gym
env = gym.make('BipedalWalker-v2')
```

接著針對每一世代(episode,代表從初始到最終狀態這段期間,代理與環境之間的互動),使用 reset 方法來初始化環境:

```
for episode in range(100):
  observation = env.reset()
```

接著,透過迴圈來產生環境:

```
 for i in range(10000):
  env.render()
```

我們從環境的動作空間來取樣隨機動作。每個環境都有各自的動作空間,其中包含了可用的有效動作:

```
action = env.action_space.sample()
```

對每個動作步驟來說,會記錄 observation、reward、done 與 info 等四個值:

```
observation, reward, done, info = env.step(action)
```

observation 是一個呈現環境觀測結果的物件。例如機器人在地形中的狀態。

reward 代表上一個動作所得到的獎勵。例如機器人成功前進所收到的獎勵。

done 則是一個布林值；如果為真，表示 episode 已完成（代表機器人已學會走路或完全失敗）。一旦 episode 完成，就能使用 env.reset() 來初始化下一個世代的環境。

info 是除錯相關的資訊。

當 done 為真時，我們把這個世代所花的時間步驟顯示出來並中斷當下的世代：

```
if done:
  print("{} timesteps taken for the Episode".format(i+1))
  break
```

完整程式碼如下：

```
import gym
env = gym.make('BipedalWalker-v2')
for i_episode in range(100):
  observation = env.reset()
  for t in range(10000):
      env.render()
      print(observation)
      action = env.action_space.sample()
      observation, reward, done, info = env.step(action)
      if done:
          print("{} timesteps taken for the episode".format(t+1))
          break
```

輸出畫面如下：

 # OpenAI Universe

OpenAI Universe 提供非常豐富的擬真遊戲環境。OpenAI Universe 是 OpenAI Gym 的延伸版，提供了各種環境來訓練與評估代理的效能，從簡單到超複雜的即時環境都有，它也能完全控制許多遊戲環境。

◎ 打造電玩機器人

現在，要來看看怎麼做一個會玩賽車遊戲的電玩機器人。我們的目標是讓小車一直前進，並且不會撞到任何障礙物或其他小車。

首先匯入所需的函式庫：

```
import gym
import universe  # 註冊 universe 環境
import random
```

使用 make 函式來模擬賽車環境：

```
env = gym.make('flashgames.NeonRace-v0')
env.configure(remotes=1)  # 自動建立本地端的 docker 容器
```

建立用來控制小車的各個變數：

```
# 向左
left = [('KeyEvent', 'ArrowUp', True), ('KeyEvent', 'ArrowLeft', True),
        ('KeyEvent', 'ArrowRight', False)]

# 向右
right = [('KeyEvent', 'ArrowUp', True), ('KeyEvent', 'ArrowLeft', False),
         ('KeyEvent', 'ArrowRight', True)]

# 前進
forward = [('KeyEvent', 'ArrowUp', True), ('KeyEvent', 'ArrowRight', False),
           ('KeyEvent', 'ArrowLeft', False), ('KeyEvent', 'n', True)]
```

初始化其他變數：

```
# 使用變數來決定是否要轉彎
turn = 0

# 把所有獎勵存入清單
rewards = []

# 將緩衝區大小作為閾值
buffer_size = 100

# 一開始設定動作為 forward，讓小車前進而不會轉彎
action = forward
```

現在讓遊戲代理運用無窮迴圈來一直玩遊戲，根據與環境的互動來選定某個動作：

```
while True:
    turn -= 1
# 假設一開始只會直走而不轉彎
# 接著會檢查 turn 變數值，如果小於 0
# 代表不需要轉彎而繼續直走
    if turn <= 0:
        action = forward
        turn = 0
```

接著透過 env.step() 語法在一個時間單位中執行某個動作（以現在的狀況來說就是直走）：

```
action_n = [action for ob in observation_n]
observation_n, reward_n, done_n, info = env.step(action_n)
```

每個時間單位都會把結果記錄在 observation_n、reward_n、done_n 與 info 等變數中：

- observation _n：小車的狀態

- reward_n：根據前一個動作而得到的獎勵，代表小車成功前進而沒有被障礙物卡住

- done_n：這是個布林值；遊戲結束時會把本變數設為 true

- info_n：顯示除錯訊息

顯然，代理（小車）無法只靠前進就完成遊戲；它一定要轉彎、避開障礙物，當然也有可能撞到其他小車。但它需要決定是否需要轉彎，如果需要，還要決定朝哪個方向轉彎。

首先，我們要先算出目前為止所收到所有獎勵的平均值；如果為 0，這很明白地說明小車前進時在某處卡住了，需要轉彎才行。問題又來了，朝哪邊轉呢？回想一下第 1 章「認識強化學習」中學到的**策略函數**。

沿用相同的概念，在此共有兩種策略：一個是左轉，另一個則是右轉。我們會隨機選一個策略，計算獎勵並以此來改良。

接著隨機產生一個數字，如果小於 0.5 就右轉，反之就左轉。稍後會更新獎勵並根據獎勵來學習朝哪一個方向轉彎是最好的：

```
if len(rewards) >= buffer_size:
        mean = sum(rewards)/len(rewards)

        if mean == 0:
```

```
            turn = 20
            if random.random() < 0.5:
                action = right
            else:
                action = left
        rewards = []
```

接著對於每一個世代（假設遊戲已經結束），使用 env.render() 語法來重新初始化環境（遊戲從頭開始）：

```
env.render()
```

完整程式碼如下：

```
import gym
import universe # 註冊 universe 環境
import random

env = gym.make('flashgames.NeonRace-v0')
env.configure(remotes=1) # 自動建立本機端 docker 容器
observation_n = env.reset()

## 宣告各個動作
# 左轉
left = [('KeyEvent', 'ArrowUp', True), ('KeyEvent', 'ArrowLeft', True),
        ('KeyEvent', 'ArrowRight', False)]

# 右轉
right = [('KeyEvent', 'ArrowUp', True), ('KeyEvent', 'ArrowLeft', False),
         ('KeyEvent', 'ArrowRight', True)]

# 前進
forward = [('KeyEvent', 'ArrowUp', True), ('KeyEvent', 'ArrowRight', False),
           ('KeyEvent', 'ArrowLeft', False), ('KeyEvent', 'n', True)]

# 判斷是否要轉彎
turn = 0
# 把獎勵存入清單
rewards = []
# 使用緩衝區作為閾值
buffer_size = 100
# 初始動作為前進
action = forward

while True:
    turn -= 1
```

```
if turn <= 0:
    action = forward
    turn = 0
action_n = [action for ob in observation_n]
observation_n, reward_n, done_n, info = env.step(action_n)
rewards += [reward_n[0]]
if len(rewards) >= buffer_size:
    mean = sum(rewards)/len(rewards)

    if mean == 0:
        turn = 20
        if random.random() < 0.5:
            action = right
        else:
            action = left
        rewards = []

env.render()
```

執行程式之後，你可以看到代理如何學會在不會被卡住或撞到其他小車的
情況下順利前進。

TensorFlow

TensorFlow 是由 Google 所開發的開放原始碼軟體函式庫，廣泛運用於數值運算與建置深度學習模型，即機器學習的一個分支。它採用資料流圖（data flow graph）在各種作業平台上都可分享並執行。Tensor 就是個多維陣列，因此當說到 TensorFlow 時，它就是指在運算圖中的多維陣列（tensor）流。

裝好 Anaconda 之後，要安裝 TensorFlow 就很簡單了。不管你使用哪種作業系統，只要輸入以下指令就能輕鬆安裝 TensorFlow：

```
source activate universe
conda install -c conda-forge tensorflow
```

在安裝 TensorFlow 之前別忘了啟動 universe 環境。

請執行以下的 Hello World 程式來檢查 TensorFlow 是否安裝完成：

```
import tensorflow as tf
hello = tf.constant("Hello World")
sess = tf.Session()
print(sess.run(hello))
```

◉ 變數、常數與佔位符

變數、常數與佔位符為 TensorFlow 的基本元素，但這三者也的確很容易搞混。在此一一介紹這三個元素並理解彼此的差異。

變數

變數是用來存放各種數值的容器。在運算圖中，變數可用於多種操作的輸入。使用 **tf.Variable()** 函式就能建立 TensorFlow 變數。下列語法建立一個名為 **weights** 的變數，其值由隨機常態分配來決定：

```
weights = tf.Variable(tf.random_normal([3, 2], stddev=0.1), name="weights")
```

不過在定義變數之後，還需要使用 **tf.global_variables_initializer()** 方法來進行初始化作業，這樣才會把資源分配給這個變數。

常數

常數與變數不一樣，其數值無法改變。常數正如其名，就是恆常不變；一旦指定其值之後，在程式執行過程中就無法再修改了。請用 **tf.constant()** 函式來建立常數：

```
x = tf.constant(13)
```

佔位符

你可以把佔位符（placeholder）視為只定義了型別和維度的變數，但不指定數值。佔位符不需要數值就能定義。佔位符的值是在執行過程中被賦予的。佔位符有個稱為 shape 的非必須引數，可指定資料的維度。如果 shape 被設為 None，那麼在執行過程中就能丟給它任何維度的資料。佔位符可用 **tf.placeholder()** 函式來定義：

```
x = tf.placeholder("float", shape=None)
```

簡單來說，**tf.Variable** 是用來儲存資料，**tf.placeholder** 則是把外部資料丟進去。

◉ 運算圖

TensorFlow 中的所有東西都可以透過由節點與邊緣所組成的運算圖（computational graph）來呈現，在此節點代表各種數學運算，例如加法與乘法等，邊緣就是張量（tensor）。運算圖在資源分配最佳化方面相當有效率，還能加強分散式運算的效能。

假設有一個節點 B，其輸入是來自節點 A 的輸出，這樣的相依性就稱為直接相依（direct dependency）。

例如：

```
A = tf.multiply(8,5)
B = tf.multiply(A,1)
```

當節點 B 不必仰賴節點 A 作為輸入時，這稱為間接相依（indirect dependency）。例如：

```
A = tf.multiply(8,5)
B = tf.multiply(4,3)
```

理解這些相依性之後，就能把獨立的運算分配給可用的資源來減少運算時間。

每當匯入 TensorFlow 時就會自動建立一個預設的運算圖，我們所建立的所有節點都會與這個圖有連結。

◉ 階段

運算圖只是定義而已；我們需要 TensorFlow 階段來執行運算圖：

```
sess = tf.Session()
```

我們可以使用 tf.Session() 方法為運算圖建立階段，這會分配記憶體來儲存變數的當下值。建立階段之後就可用 sess.run() 方法來執行運算圖。

為了在 TensorFlow 執行我們要的所有東西，我們需要為這個 TensorFlow 階段建立一個實例；程式碼如下：

```
import tensorflow as tf
a = tf.multiply(2,3)
print(a)
```

這樣會顯示一個 TensorFlow 物件而非數字 6。如前所述，只要匯入 TensorFlow 就會自動建立一個預設運算圖，我們所建立的所有節點也會連到這個運算圖。為了執行這個運算圖，需要如以下方式來初始化一個 TensorFlow 階段：

```
# 匯入 tensorflow
import tensorflow as tf

# 初始化變數
a = tf.multiply(2,3)

# 建立 tensorflow session 來執行本階段
with tf.Session() as sess:
  # 執行 session
  print(sess.run(a))
```

上述程式碼會顯示數字 6。

◉ TensorBoard

TensorBoard 是 TensorFlow 的視覺化工具，可將運算圖以視覺化方式來呈現。它可繪製各種量化陣列以及多種即時運算的結果。運用 TensorBoard，就能輕鬆視覺化各種複雜模型，對於除錯與分享來說非常方便。

現在來建立一個簡易的運算圖，並在 TensorBoard 中視覺化。

首先來匯入函式庫：

```
import tensorflow as tf
```

接著初始化各個變數：

```
a = tf.constant(5)
b = tf.constant(4)
c = tf.multiply(a,b)
d = tf.constant(2)
e = tf.constant(3)
f = tf.multiply(d,e)
g = tf.add(c,f)
```

現在要建立一個 TensorFlow 階段，並使用 **tf.summary.FileWriter()** 語法
把這個運算圖的結果寫入名為 output 的檔案中：

```
with tf.Session() as sess:
    writer = tf.summary.FileWriter("output", sess.graph)
    print(sess.run(g))
    writer.close()
```

為了能夠執行 TensorBoard，請用終端機切換到你的工作資料夾下，並輸入
tensorboard --logdir=output --port=6003。

應該會看到如下的輸出畫面：

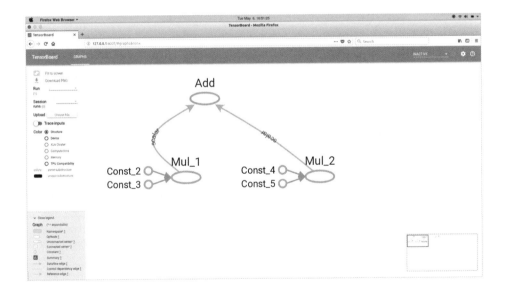

加入作用域

作用域（scope）是用來降低複雜度，還能把相關的節點整理好以方便我
們理解模型。例如，上個範例中的運算圖可以分為 computation 與 result
兩個群組。回顧上個範例，節點 a 到節點 e 是用於執行運算，節點 g 則是
計算結果。因此使用作用域就能把它們分組，也更好理解。在此是透過
tf.name_scope() 函式來建立作用域。

現在運用 `tf.name_scope()` 函式來操作 Computation：

```
with tf.name_scope("Computation"):
    a = tf.constant(5)
    b = tf.constant(4)
    c = tf.multiply(a,b)
    d = tf.constant(2)
    e = tf.constant(3)
    f = tf.multiply(d,e)
```

再次運用 `tf.name_scope()` 函式來操作 Result：

```
with tf.name_scope("Result"):
    g = tf.add(c,f)
```

請看 Computation 作用域；它還能再拆成更小的部分來幫助理解。我們可以建立包含了節點 a 到 c 的作用域，稱為 Part 1；另一個則是包含節點 d 到 e 的作用域，稱為 Part 2，兩者彼此獨立：

```
with tf.name_scope("Computation"):
    with tf.name_scope("Part1"):
        a = tf.constant(5)
        b = tf.constant(4)
        c = tf.multiply(a,b)
    with tf.name_scope("Part2"):
        d = tf.constant(2)
        e = tf.constant(3)
        f = tf.multiply(d,e)
```

把這些東西在 TensorBoard 中視覺化呈現，會讓你更容易理解作用域。完整程式碼如下：

```
import tensorflow as tf
with tf.name_scope("Computation"):
    with tf.name_scope("Part1"):
        a = tf.constant(5)
        b = tf.constant(4)
        c = tf.multiply(a,b)
    with tf.name_scope("Part2"):
        d = tf.constant(2)
        e = tf.constant(3)
        f = tf.multiply(d,e)
```

```
with tf.name_scope("Result"):
    g = tf.add(c,f)

with tf.Session() as sess:
    writer = tf.summary.FileWriter("output", sess.graph)
    print(sess.run(g))
    writer.close()
```

請看下圖，你就能理解為什麼透過作用域把類似的節點編組起來就能降低
複雜度。作用域已被廣泛用於較複雜的專題，讓我們更容易理解各節點的
功能與相依套件：

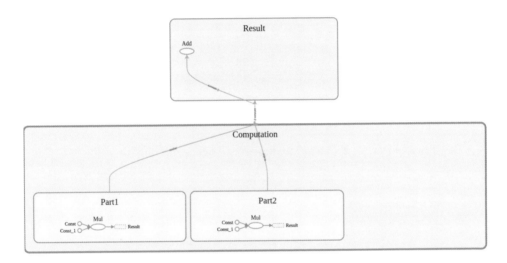

 ## 總結

本章首先安裝了 Anaconda、Docker、OpenAI Gym、Universe 與 TensorFlow
來設定工作用的電腦。另外也學會了如何使用 OpenAI 來建立模擬，並
在 OpenAI 環境中去訓練代理進行學習。接著談到了 TensorFlow 的基礎觀
念，並在 TensorBoard 中將運算圖視覺化呈現。

下一章「*Markov 決策過程與動態規劃*」，我們會學到 Markov 決策過程、動態規劃，以及如何運用價值迭代與策略迭代來解決凍湖問題。

問題

本章問題如下：

1. 為什麼需要以及如何在 Anaconda 建立新環境？

2. 為什麼需要使用 Docker？

3. 如何在 OpenAI Gym 中模擬出一個環境？

4. 如何在 OpenAI Gym 檢視所有可用的環境？

5. OpenAI Gym 與 Universe 兩者是否相同？如果不同，則差異為何？

6. TensorFlow 的變數與 placeholder，兩者有何不同？

7. 什麼是運算圖？

8. 為什麼在 TensorFlow 中需要用到階段？

9. TensorBoard 的功能為何，如何啟動它？

延伸閱讀

請參考以下文章：

- **OpenAI 部落格**：https://blog.openai.com

- **OpenAI 環境介紹**：https://gym.openai.com/envs/

- **TensorFlow 官方網站**：https://www.tensorflow.org/

Markov 決策過程與動態規劃

Markov 決策過程（**Markov Decision Process**，**MDP**）針對**強化學習**（**RL**）問題提供了一個數學性框架。幾乎所有的 RL 問題都能用 MDP 來建模。MDP 普遍用於處理各種最佳化問題。本章會向你介紹什麼是 MDP，及如何能運用它來解決 RL 問題。也會介紹動態規劃（dynamic programming），這是個能有效處理複雜問題的技術。

本章學習重點如下：

- Markov 鏈與 Markov 過程

- Markov 決策過程

- 獎勵與回報

- Bellman 方程式

- 使用動態規劃來解 Bellman 方程式

- 使用價值迭代與策略迭代來解凍湖問題

Markov 鏈與 Markov 過程

在進入 MDP 之前，先來認識什麼是 Markov 鏈與 Markov 過程，兩者構成了 MDP 的基礎。

Markov 性質主張未來只與現在有關，但與過去無關。Markov 鏈是一種機率模型，只根據當下狀態來預測下一個狀態，而與先前狀態無關，也就是說，未來在某些情況下是與過去獨立的。Markov 鏈須嚴格遵守 Markov 的相關原則。

例如，如果我們知道當下狀態為多雲，就能預測下一個狀態可能是下雨。我們只考量當下狀態（多雲）來得出下一個狀態可能是下雨這個結論，而非之前的狀態，這可能是晴天、有風等等。然而，Markov 屬性並不適用於所有過程。例如丟骰子的結果（下一個狀態）與前一個數字無關，骰子上的數字多少就是多少（當下狀態）。

從一個狀態移動到另一個稱為**轉移（transition）**，其機率就稱為**轉移機率**。轉移機率可用表格來呈現，如下的 **Markov 表**。表格中說明了在指定當下狀態之後，移動到下一個狀態的機率為何：

當下狀態	下一個狀態	轉移機率
多雲	下雨	0.6
下雨	下雨	0.2
晴天	多雲	0.1
下雨	晴天	0.1

我們可以把 Markov 鏈以狀態圖的型式來呈現並標註轉移機率：

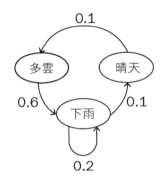

上述狀態圖說明了從某個狀態移動到另一個狀態的機率。上述的狀態圖說明了從一個狀態移動到另一個的機率。還是不知道什麼是 Markov 鏈嗎？沒問題，請看以下對話。

我："你在做什麼？"

你："我在讀關於 Markov 鏈的東西。"

我："讀完之後要幹嘛？"

你："我會去睡覺。"

我："你確定你要去睡覺了嗎？"

你："大概吧。如果還不想睡我會去看電視。"

我："酷，這就是一種 Markov 鏈。"

你："蛤？"

這段對話可以整理成一個 Markov 鏈，並畫成以下的狀態圖：

Markov 鏈的核心概念在於未來只會以現在為基礎，與過去無關。如果某個隨機過程能遵循 Markov 屬性的話，就稱為 Markov 過程。

 # Markov 決策過程

MDP 是 Markov 鏈的延伸，它提供了數學框架來對各種決策情形建模。幾乎所有的強化學習都可以 MDP 模型來表示。

MDP 是由五個重要的元素所組成：

- 一組代理可實際處於其中的狀態 (S)。

- 一組可由代理所執行的動作，用於從一個狀態移動到另一個 (A)。

- 轉移機率（transition probability，$P_{ss'}^a$），代理執行動作 **a** 來從某個狀態 S 移動到另一個狀態 S' 的機率。

- 獎勵機率（reward probability，$R_{ss'}^a$），代理執行動作 **a** 來從某個狀態 S 移動到另一個狀態 S' 之後，代理收到獎勵的機率。

- 折扣因子（discount factor，γ），用來決定立即與未來獎勵的重要性，後續段落會深入討論。

◉ 獎勵與回報

我們已經知道在 RL 環境中，代理是由執行某個動作來與環境互動，並從某個狀態移動到另一個狀態。根據所執行的動作，它會收到一個獎勵。獎勵就只是個數值，例如好的動作給 +1，壞的動作就給 -1。但如何決定某個動作是好是壞呢？在迷宮遊戲中，如果代理移動而不會撞到牆，這就是好的動作，反之如果代理移動後撞到牆，這就是壞的動作。

代理會試著去最大化它從環境中得到的獎勵總數（累積獎勵），而非立即獎勵。代理從環境中得到的獎勵總數稱為回報（return）。因此，代理收到的獎勵總數，也就是回報，可如下表示：

$$R_t = r_{t+1} + r_{t+2} + \ldots + r_T$$

r_{t+1} 是代理在時間步驟 t_0 時，執行動作 a_0 來從某個狀態移動到另一個狀態所收到的獎勵。r_{t+2} 是代理在時間步驟 t_1 時，執行動作來從某個狀態移動到另一個狀態所收到的獎勵。同理，r_T 在最終時間步驟 T 時，執行動作來從某個狀態移動到另一個狀態所收到的獎勵。

◉ 世代型與連續型任務

世代型（episodic）任務是指具有最終狀態（結尾）的任務。在 RL 中，世代是指從初始狀態到最終狀態這一路下來的代理 - 環境互動過程。

以賽車電玩遊戲來說，從開始玩遊戲（初始狀態）一路玩到結束為止（最終狀態），稱為一個世代。一旦遊戲結束，你會再玩一次來進行下一個世代，並再次從初始狀態開始玩，這與你在上一次遊戲中所處的位置完全無關。因此，每個世代都彼此獨立。

連續型任務是沒有最終狀態的，因為它永遠不會結束。舉例來說，個人助理機器人就不會有最終狀態。

◉ 折扣因子

我們已經知道，代理的目標是讓回報最大化。因此對於世代型任務而言，回報可定義為 $R_t = r_{t+1} + r_{t+2} + ... + r_T$，其中 T 是世代的最終狀態，並且目標是讓回報 R_t 最大。

由於連續型任務不會有任何最終狀態，因此連續任務的回報可定義為 $R_t = r_{t+1} + r_{t+2} + ...$，這樣加總會趨近無限大。但如果它永遠不停止的話，要怎樣才能把回報最大化呢？

這就是為什麼在此要引入折扣因子（discount factor）的概念。加入折扣因子 γ 之後，回報可以這樣表示：

$$R_t = r_{t+1} + \gamma r_{t+2} + \gamma^2 r_{t+3} + \gamma^3 r_{t+4} + ... \quad \text{---(1)}$$

$$= \sum_{k=0}^{\infty} \gamma^k r_{t+k+1} \quad \text{---(2)}$$

折扣因子會決定未來獎勵與立即獎勵的重要程度。折扣因子的數值會介於 0 到 1 之間。折扣因子如果為 0 代表立即獎勵比較重要，如果為 1 則代表我們覺得未來獎勵比立即獎勵更重要。

折扣因子如果為 0，代表永不學習，只會考量立即獎勵；同樣地如果折扣因子為 1 則會持續學習去尋找未來獎勵，這會導致無窮無盡。因此折扣因子的最佳值會落在 0.2 到 0.8 之間。

我們會根據實際狀況來決定立即獎勵與未來獎勵重要性。在某些狀況下會比較仰賴未來獎勵而非立即獎勵，那當然也會有相反的狀況。例如，西洋棋遊戲的目標就是吃掉對手的王。如果提高立即獎勵的重要性，就會由讓小兵直接去吃掉對手這樣的動作來達到，代理將學會執行這個子目標而非去達到原本的目標。因此，就這個情況來說，我們會把未來獎勵的重要性提高，但其他狀況則會偏好立即獎勵高於未來獎勵（你希望我現在就把巧克力給你，還是等 13 個月之後再說？）。

◉ 策略函數

第 1 章「認識強化學習」中已經介紹過策略函數了，它可以把狀態與動作對映起來。策略函數是以 π 來表示。

因此策略函數可以這樣表示：$\pi(s) : S-> A$，代表把狀態對應到動作。因此基本上來說，策略函數可說明在各狀態中所要執行的動作。我們的終極目標是找到最佳策略，它會指定每個狀態要執行哪一個動作來將獎勵最大化。

◉ 狀態 - 價值函數

狀態 - 價值函數可簡稱為價值函數。它指明了代理運用策略 π 之後在某個狀態中的良好程度。價值函數通常是以 $V(s)$ 來表示，意思是遵循某個策略之後的狀態值。

狀態 - 價值函數定義如下：

$$V^{\pi}(s) = \mathbb{E}_{\pi}\left[R_t|s_t = s\right]$$

這說明了運用策略 π 之後，從狀態 s 開始的預期回報。代入公式 (2) 價值函數中 R_t 值之後改寫如下：

$$V^{\pi}(s) = \mathbb{E}_{\pi}\Big[\sum_{k=0}^{\infty} \gamma^k r_{t+k+1}|s_t = s\Big]$$

請注意狀態 - 價值函數與策略息息相關，且會隨著我們所選用的策略而變動。

價值函數可用表格來檢視。假設有兩個狀態，且兩者都遵循策略 π。根據這兩個狀態的數值，就能判斷代理依據這個策略在當下狀態的良好程度。數值愈高，狀態就愈好：

狀態	範圍
狀態 1	0.3
狀態 2	0.9

根據上表就能得知留在狀態 2 是比較好的選擇，因為其數值較高。接著看如何來估計這些數值。

◉ 狀態 - 動作價值函數（Q 函數）

狀態 - 動作價值函數也稱為 Q 函數，它指明了代理運用策略 π 之後在某個狀態中執行指定某個動作後的良好程度。Q 函數表示方式為 $Q(s)$，代表遵循某個策略 π 之後，在狀態中執行指定動作的價值。

Q 函數定義如下：

$$Q^{\pi}(s,a) = \mathbb{E}_{\pi}\left[R_t | s_t = s, a_t = a\right]$$

這說明了運用策略 π 之後，從狀態 s 開始並執行動作 a 的預期回報。代入公式 (2) 中 Q 函數的 R_t 值之後改寫如下：

$$Q^{\pi}(s,a) = \mathbb{E}_{\pi}\left[\sum_{k=0}^{\infty} \gamma^k r_{t+k+1} | s_t = s, a_t = a\right]$$

價值函數與 Q 函數兩者之間的差異在於價值函數說明了某個狀態的良好狀態，但 Q 函數則是代表指定動作在某個狀態中的良好狀態。

如同狀態 - 價值函數，Q 函數也可用表格來檢視，稱為 Q 表。假設有兩個狀態與兩個動作，Q 表可呈現如下：

狀態	動作	數值
狀態 1	動作 1	0.03
狀態 1	動作 2	0.02
狀態 2	動作 1	0.5
狀態 2	動作 2	0.9

Q 表顯示了所有可能狀態動作組的數值，由這個表格能看出在狀態 1 中執行動作 1、及在狀態 2 中執行動作 2 的數值較高，所以是較好的選擇。

後續不管我們談到價值函數 $V(S)$ 或 Q 函數 $Q(S, a)$，都是指之前介紹過的價值表與 Q 表。

 # Bellman 方程式與最佳性

Bellman 方程式以美國數學家 Richard Bellman 命名，為了解決 MDP 而生。它在 RL 領域中隨處可見，當我們說要解 MDP 時，實際上就是指找到最佳策略與價值函數。根據不同的策略可能會有非常多不同的價值函數。最佳價值函數 $V^*(s)$ 是相較於其他所有價值函數，能得到最高數值的那一個：

$$V^*(s) = max_\pi V^\pi(s)$$

同理，最佳策略就是能得到最佳價值函數的策略。

由於最佳價值函數 $V^*(s)$ 是相較於其他所有價值函數，能得到最高數值（最高回報）的那一個，它就是 Q 函數的最大值。因此，只要運用 Q 函數的最大值就能輕易得到最佳價值函數，如下：

$$V^*(s) = max_a Q^*(s, a) \ \text{-- (3)}$$

因此，價值函數的 Bellman 方程式可這樣表示（後續會說明如何推導出這個方程式）：

$$V^\pi(s) = \sum_a \pi(s, a) \sum_{s'} \mathcal{P}_{ss'}^a \left[\mathcal{R}_{ss'}^a + \gamma V^\pi(s') \right]$$

該方程式代表了某狀態的值、其後繼狀態以及所有機率平均值之間的遞迴關係。

同理，Q 函數的 Bellman 方程式可這樣表示：

$$Q^\pi(s, a) = \sum_{s'} \mathcal{P}_{ss'}^a \left[\mathcal{R}_{ss'}^a + \gamma \sum_{a'} Q^\pi(s', a') \right] \ \text{--- (4)}$$

把方程式 (4) 代入 (3) 可得：

$$V^*(s) = max_a \sum_{s'} \mathcal{P}_{ss'}^a \left[\mathcal{R}_{ss'}^a + \gamma \sum_{a'} Q^\pi(s', a') \right]$$

上述方程式就稱為 Bellman 最佳性方程式。後續將介紹如何解這個方程式來找到最佳策略。

◉ 推導用於價值函數與 Q 函數的 Bellman 方程式

現在來看看如何推導用於價值函數與 Q 函數的 Bellman 方程式。

如果你對數學不感興趣可以跳過這段。不過，這裡的數學相當引人入勝。

首先，定義 $P_{ss'}^a$ 為執行動作 a 從狀態 s 移動到 s' 的轉移機率：

$$P_{ss'}^a = pr(s_{t+1} = s' | s_t = s, a_t = a)$$

定義 $R_{ss'}^a$，代表執行動作 a 從狀態 s 移動到狀態 s' 時，收到獎勵的機率：

$$R_{ss'}^a = \mathbb{E}(R_{t+1} | s_t = s, s_{t+1} = s', a_t = a)$$

$$= \gamma \mathbb{E}_\pi \left[\sum_{k=0}^{\infty} \gamma^k r_{t+k+2} | s_{t+1} = s' \right] \text{ from (2)} \quad \text{---(5)}$$

已知價值函數為：

$$V^\pi(s) = \mathbb{E}_\pi \left[R_t | s_t = s \right]$$

$$V^\pi(s) = \mathbb{E}_\pi \left[r_{t+1} + \gamma r_{t+2} + \gamma^2 r_{t+3} + \ldots | s_t = s \right] \text{ from (1)}$$

拿掉第一個獎勵之後，價值函數改寫如下：

$$V^\pi(s) = \mathbb{E}_\pi \left[r_{t+1} + \gamma \sum_{k=0}^{\infty} \gamma^k r_{t+k+2} | s_t = s \right] \quad \text{---(6)}$$

價值函數中的期望值就是指在狀態 s 中，運用策略 π 來執行動作 a 的期望回報。

因此把所有可能的動作與獎勵加總起來，期望值可改寫如下：

$$\mathbb{E}_\pi [r_{t+1} | s_t = s] = \sum_a \pi(s, a) \sum_{s'} \mathcal{P}_{ss'}^a \mathcal{R}_{ss'}^a$$

等號右側代入方程式 (5) 中的 $R_{ss'}^a$ 之後改寫如下：

$$\sum_a \pi(s, a) \sum_{s'} \mathcal{P}_{ss'}^a \gamma \mathbb{E}_\pi \left[\sum_{k=0}^{\infty} \gamma^k r_{t+k+2} | s_{t+1} = s' \right]$$

同理，等號左側代入方程式 (2) 中 r_{t+1} 的值，如下：

$$\mathbb{E}_\pi \Big[\gamma \sum_{k=0}^{\infty} \gamma^k r_{t+k+2} | s_t = s \Big]$$

最終的期望值方程式變成這樣：

$$\mathbb{E}_\pi \Big[\gamma \sum_{k=0}^{\infty} \gamma^k r_{t+k+2} | s_t = s \Big] = \sum_a \pi(s,a) \sum_{s'} \mathcal{P}_{ss'}^a \gamma \mathbb{E}_\pi \Big[\sum_{k=0}^{\infty} \gamma^k r_{t+k+2} | s_{t+1} = s' \Big] \quad ---(7)$$

現在把期望值 (7) 代入價值函數 (6)，如下：

$$V^\pi(s) = \sum_a \pi(s,a) \sum_{s'} \mathcal{P}_{ss'}^a \Big[\mathcal{R}_{ss'}^a + \gamma \mathbb{E}_\pi \Big[\sum_{k=0}^{\infty} \gamma^k r_{t+k+2} | s_{t+1} = s' \Big] \Big]$$

用方程式 (6) 中的 $V^\pi(s')$ 來取代 $\mathbb{E}_\pi \Big[\sum_{k=0}^{\infty} \gamma^k r_{t+k+2} | s_{t+1} = s' \Big]$ 之後，最終的價值函數如下：

$$V^\pi(s) = \sum_a \pi(s,a) \sum_{s'} \mathcal{P}_{ss'}^a \Big[\mathcal{R}_{ss'}^a + \gamma V^\pi(s') \Big]$$

因此我們可用非常類似的手法來推導出 Q 函數的 Bellman 方程式；方程式最後長這樣：

$$Q^\pi(s,a) = \sum_{s'} \mathcal{P}_{ss'}^a \Big[\mathcal{R}_{ss'}^a + \gamma \sum_{a'} Q^\pi(s',a') \Big]$$

現在已經求得價值函數與 Q 函數的 Bellman 方程式，接著要介紹如何找到最佳策略。

解 Bellman 方程式

只要解出 Bellman 最佳性方程式就能找到最佳策略。但我們需要一個稱為動態規劃的特殊技巧，才能順利解出 Bellman 最佳性方程式。

⊙ 動態規劃

動態規劃（Dynamic programming，DP）是一種用於處理複雜問題的技巧。在 DP 中並非逐一搞定一整個複雜問題，而是把問題拆解成較簡單的子問題，並計算並儲存每個子問題的解決方案。如果發生了同樣的子問題，我們不再重新計算而會採用已經計算好的方案。因此，DP 就能大幅降低運算時間。它已被普遍應用於各種領域，包含電腦科學、數學與生物資訊學等等。

我們使用兩個很厲害的演算法來解 Bellman 方程式：

- 價值迭代

- 策略迭代

價值迭代

價值迭代層從隨機的價值函數開始，這個隨機價值函數顯然不一定會是最好的，所以要用遞迴的方式來尋找更新更好的價值函數，直到找到最佳的為止。一旦找到最佳的價值函數，很容易就能從它身上找出最佳策略：

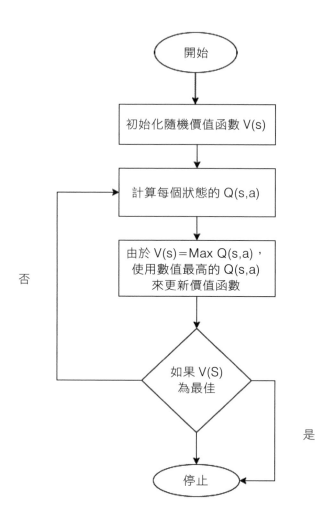

價值迭代的步驟如下:

1. 首先,初始化隨機價值函數,就是各個狀態的隨機值。

2. 計算所有狀態動作組 $Q(s, a)$ 的 Q 函數。

3. 使用 $Q(s,a)$ 的最大值來更新價值函數。

4. 重複以上步驟直到價值函數的變化非常小為止。

現在一步步來執行價值迭代，好讓你能更直觀地理解。

請看以下的格子。假設我們處於狀態 **A**，目標是在不造訪狀態 **B** 的前提下到達狀態 **C**，共有兩種動作：0—左／右，與 1—上／下：

想得出來這裡的最佳策略是什麼嗎？現在的最佳策略是在狀態 **A** 中執行動作 1，這樣就不會造訪狀態 **B** 並順利到達狀態 **C**。但如何找到這個最佳策略呢？現在就來看看吧。

初始化隨機價值函數，也就是給予所有狀態一個隨機數值。現在把所有狀態都設為 **0**：

狀態	價值
A	0
B	0
C	0

計算所有狀態 - 動作組的 Q 值。

Q 值會指出一個動作在各狀態中的數值。首先算出狀態 **A** 的 Q 值。回想一下 Q 函數的方程式。要算出這個結果需要轉移機率與獎勵機率。狀態 **A** 的轉移機率與獎勵機率如下：

狀態 (s)	動作 (a)	下一個 動作 (s')	轉移機率 ($P_{ss'}^a$)	獎勵機率 ($R_{ss'}^a$)
A	0	A	0.1	0
A	0	B	0.4	-1.0
A	0	C	0.3	1.0
A	1	A	0.3	0
A	1	B	0.1	-2.0
A	1	C	0.5	1.0

狀態 **A** 的 *Q* 函數可用以下公式求出：

Q(s,a) = 轉移機率 * (獎勵機率 + *gamma* * 下一個狀態的價值)

gamma 是折扣因子；在此視為 *1*。

因此，狀態 **A** 與動作 *0* 的 *Q* 值如下：

$$Q(A,0) = (P^0_{AA} * (R^0_{AA} + \gamma * value\_of\_A)) + (P^0_{AB} * (R^0_{AB} + \gamma * value\_of\_B)) + (P^0_{AC} * (R^0_{AC} + \gamma * value\_of\_C))$$

$$Q(A,0) = (0.1 * (0+0)) + (0.4 * (-1.0+0)) + (0.3 * (1.0+0))$$

$$Q(A,0) = -0.1$$

現在計算狀態 **A** 與動作 *1* 的 *Q* 值：

$$Q(A,1) = (P^1_{AA} * (R^1_{AA} + \gamma * value\_of\_A)) + (P^1_{AB} * (R^1_{AB} + \gamma * value\_of\_B)) + (P^1_{AC} * (R^1_{AC} + \gamma * value\_of\_C))$$

$$Q(A,1) = (0.3 * (0+0)) + (0.1 * (-2.0 + 0)) + (0.5 * (1.0 + 0))$$

$$Q(A,1) = 0.3$$

更新 *Q* 表如下：

狀態	動作	價值
A	0	-0.1
A	1	0.3
B	0	
B	1	
C	0	
C	1	

使用 *Q(s,a)* 的最大值來更新價值函數。

請看上面的 Q 函數，其中 $Q(A,1)$ 的值比 $Q(A,0)$ 來得高，因此要把狀態 **A**
的值更新為 $Q(A,1)$：

狀態	價值
A	0.3
B	
C	

同理，找出最高狀態 - 動作組的 Q 值，就能算出所有狀態 - 動作組的 Q
值，並更新各個狀態的價值函數。更新後的價值函數如下，以下是第一次
遞迴的結果：

狀態	價值
A	0.3
B	-0.2
C	0.5

以上步驟會在多次遞迴中不斷執行。也就是重複步驟 2 到步驟 3（每次遞迴
要計算 Q 值時，我們會使用更新後的價值函數而非同一個隨機初始化價值
函數）。

以下是第二次遞迴的結果：

狀態	價值
A	0.7
B	-0.1
C	0.5

以下是第三次遞迴的結果：

狀態	價值
A	0.71
B	-0.1
C	0.53

但何時該停呢？當每次遞迴之間的變化小到一個程度時就可以停了；看一下第二次與第三次遞迴，會發現價值函數已經不太變化了。這樣一來就可以停止遞迴並將其視為最佳價值函數。

好啦，找到最佳價值函數了，但要如何求出最佳策略呢？

很簡單，用最終的最佳價值函數來計算 Q 函數就好。假設計算後的 Q 函數如下：

狀態	動作	價值
A	0	-0.53
A	1	0.98
B	0	-0.2
B	1	-0.3
C	0	0.2
C	1	0.01

我們從這個 Q 函數找出各狀態中數值最大的動作。請看狀態 **A**，動作 1 的數值最大，這就是最佳策略。因此如果在狀態 **A** 中執行動作 1 的話，就能直接達到 **C** 而不必拜訪 **B**。

策略迭代

與價值迭代不同，在策略迭代（policy iteration）中是從隨機策略開始，接著找到該策略的價值函數；如果這個價值函數並非最佳，就繼續去找更新更好的策略，不斷重複直到找到最佳策略為止。

策略迭代包含了兩個步驟：

1. **策略評估（policy evaluation）**：評估某個隨機估計策略的價值函數。

2. **策略改良（policy improvement）**：評估價值函數，如果它並非最佳，就繼續去找更新更好的策略。

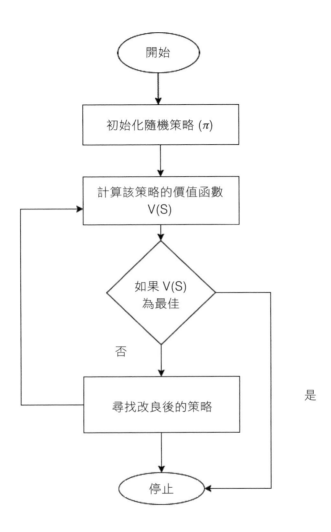

策略迭代的詳細步驟如下：

1. 首先，初始化數個隨機策略。

2. 接著找出某個隨機策略的價值函數，接著評估它是否為最佳，這稱為策略評估。

3. 如果該策略並非最佳，就繼續去找更新更好的策略，這稱為策略改良。

4. 重複以上步驟，直到找到最佳策略為止。

現在一步步執行策略迭代，讓你更好理解。

使用上一段談到價值迭代時的同一個格子範例。目標是找出最佳策略：

1. 初始化一個隨機策略函數

   對各狀態指定隨機動作來初始化一個隨機策略函數：

   假設 *A -> 0*

       B -> 1

       C -> 0

2. 找出這個隨機初始化策略的價值函數

   現在我們得運用這個隨機初始化策略來找出價值函數。假設計算後的價值函數如下：

A 0.3	B -0.2		狀態	價值
			A	0.3
C 0.5			B	-0.2
			C	0.5

現在根據這個隨機初始化策略產生了新的價值函數，就用這個新的價值函數來計算新策略吧。要怎麼做呢？做法與之前在**價值迭代**中談到的相當類似。要算出新的價值函數的 Q 值，並選取各狀態中價值最高的動作，這就是新的策略。

假設這個新策略的結果如下：

A -> 0

B -> 1

C -> 1

我們要把舊的策略，就是隨機初始化策略與新的策略兩者比較一下。如果兩者相同，代表已經達到收斂，也就是找到最佳策略了。如果不是，就會把舊策略（隨機策略）作為新策略來更新，並從步驟 2 重新開始。

昏頭了嗎？請看以下虛擬碼：

```
policy_iteration():
    Initialize random policy
    for i in no_of_iterations:
        Q_value = value_function(random_policy)
        new_policy = Maximum state action pair from Q value
        if random_policy == new policy:
            break
        random_policy = new_policy
    return policy
```

解決凍湖問題

如果你對於目前為止所學的東西還不太理解，別擔心，在此用凍湖問題來歸納所有觀念。

想像一下，有一個凍湖從你的家一路延伸到辦公室；你得走過這座湖才能到辦公室。等等！ 凍湖上有破洞，你在上面走的時候，要很小心才不會陷在洞裡面：

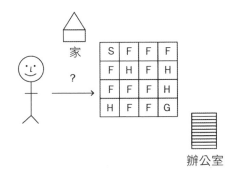

在上圖中：

- **S** 表示起始位置（家）

- **F** 是你可以安全行走的凍湖湖面

- **H** 是你要小心的湖面破洞

- **G** 是目標（辦公室）

好啦，現在讓代理來幫你找到抵達辦公室的最佳路徑，而非你親自出馬。代理的目標是找出從 **S** 到 **G** 的最佳路徑，而不會被 **H** 卡住。代理怎樣才能做到呢？如果代理能在凍湖上正確行走，它會得到 +1 分的獎勵，如果掉進洞裡的話就得到 0 分，這樣代理就能由此判斷哪個是正確的動作。代理現在會試著找出最佳策略。最佳策略意思就是找出正確的路徑來將代理的獎勵最大化。如果代理正在努力將獎勵最大化，顯然它將學會如何閃過坑洞並到達終點。

這個問題可以用先前介紹過的 MDP 來建模。MDP 包含了以下內容：

- **狀態**：多個狀態的集合。在此共有 16 個狀態（表格中的每一個小方塊）。

- **動作**：所有可能動作的集合（左、右、上、下；這就是代理在凍湖環境中所有可執行的動作）。

- **轉移機率**：執行動作 a 從狀態 **(F)** 移動到另一個狀態 **(H)** 的機率。

- **獎勵機率**：執行動作 a 從狀態 **(F)** 移動到另一個狀態 **(H)** 之後，得到獎勵的機率。

現在我們的目標就是解 MDP，也就是找到最佳策略。現在介紹三個特殊的函數：

- **策略函數（policy function）**：說明在每個狀態中要執行什麼動作

- **價值函數（value function）**：說明某個狀態的良好程度

- **Q 函數（Q function）**：說明某個動作在指定狀態中的良好程度

這個良好程度到底是什麼意思？意思就是它到底能讓獎勵變得多高。

接著，我們運用名為 Bellman 最佳方程式的特殊方程式來呈現價值函數與 Q 函數。解出這個方程式就能找出最佳策略。這邊說的解方程式，代表找出正確的價值函數與策略。如果找到了正確的價值函數與策略，這就是能產生最大獎勵的最佳路徑。

我們會運用一個名為動態規劃（dynamic programming）的特殊技巧來解出 Bellman 最佳化方程式。模型動態必須先為已知才能應用 DP，也就是說，我們需要先得知模型環境的轉移機率與獎勵機率才行。由於模型動態已知，在此 DP 就能派上用場了。我們運用兩種特殊的 DP 演算法來找出最佳策略：

- 價值迭代

- 策略迭代

◉ 價值迭代

簡單來說，價值迭代的做法是先對價值函數初始化幾個隨機值。不過非常有可能這些隨機值不會是最佳的。因此，我們會迭代過每個狀態來找出新的價值函數；直到找到最佳價值函數之後才會停下來。一旦找到了最佳價值函數，很容易就能由此求出最佳策略。

現在來看看如何運用價值迭代來解決凍湖問題。首先匯入必要的函式庫：

```
import gym
import numpy as np
```

使用 OpenAI Gym 來產生凍湖環境：

```
env = gym.make('FrozenLake-v0')
```

先來認識環境。

由於環境是 4*4 的格子，所以共有 16 種狀態：

```
print(env.observation_space.n)
```

環境中有四種動作，包含上、下、左與右：

```
print(env.observation_space.n)
```

現在定義 value_iteration() 函式來回傳最佳價值函數（價值表，value table）。先逐步說明這個函式接著再整體介紹。

首先，初始化隨機價值表，其中所有狀態值都為 0，也要指定遞迴次數：

```
value_table = np.zeros(env.observation_space.n)
no_of_iterations = 100000
```

接著在每次遞迴中，我們把 value_table 複製到 updated_value_table 上：

```
for i in range(no_of_iterations):
    updated_value_table = np.copy(value_table)
```

現在計算 Q 表並找出最大的狀態 - 動作組，就是價值表中數值最高的那一個。

我們使用先前的範例來理解本程式；現在來計算上一個範例中狀態 **A** 與動作 1 的 Q 值：

$$Q(A,1) = (0.3 * (0+0)) + (0.1 * (-1.0 + 0)) + (0.5 + (1.0 + 0))$$

$$Q(A,1) = 0.5$$

在此不再建立各狀態的 Q 表，我們建立名為 Q_value 的清單，接著對狀態中的各個動作，我們建立 next_states_rewards 清單來儲存下一個轉移狀態的 Q_value。接著加總 next_state_rewards 並將其加入 Q_value。

以上述範例來說，狀態為 **A** 而動作為 1。*(0.3 * (0+0))* 是轉移狀態 **A** 的下一個狀態獎勵；*(0.1 * (-1.0 + 0))* 則是轉移狀態 **B** 的下一個狀態獎勵，*(0.5 + (1.0 + 0))* 則是轉移狀態 **C** 的下一個狀態獎勵。我們把這些數值都加總為 next_state_reward 之後加入 Q_value，數值應該是 0.5。

我們會計算各狀態中所有動作的 next_state_rewards 並加入原本的 Q 值，這樣就能找到最大的 Q 值並將其更新為當下狀態的數值：

```
for state in range(env.observation_space.n):
    Q_value = []
    for action in range(env.action_space.n):
        next_states_rewards = []
        for next_sr in env.P[state][action]:
            trans_prob, next_state, reward_prob, _ = next_sr
            next_states_rewards.append((trans_prob * (reward_prob + gamma
* updated_value_table[next_state])))
        Q_value.append(np.sum(next_states_rewards))
        #找到最大的 Q 值，並用它來更新狀態值
        value_table[state] = max(Q_value)
```

接著檢查是否達到了收斂，也就是價值表與更新後的價值表之間的差異非常小。但怎麼知道夠不夠小呢？我們定義一個名為 threshold 的變數，接著檢查差異是否小於這個變數值；如果小於就中斷迴圈，並以現在的價值函數作為最佳價值函數來回傳：

```
threshold = 1e-20
if (np.sum(np.fabs(updated_value_table - value_table)) <= threshold):
    print ('Value-iteration converged at iteration# %d.' %(i+1))
    break
```

以下是 value_iteration() 函式完整內容，給你參考：

```
def value_iteration(env, gamma = 1.0):
    value_table = np.zeros(env.observation_space.n)
    no_of_iterations = 100000
    threshold = 1e-20

    for i in range(no_of_iterations):
        updated_value_table = np.copy(value_table)

        for state in range(env.observation_space.n):
            Q_value = []

            for action in range(env.action_space.n):
                next_states_rewards = []

                for next_sr in env.P[state][action]:
                    trans_prob, next_state, reward_prob, _ = next_sr
                    next_states_rewards.append((trans_prob * (reward_prob +
gamma * updated_value_table[next_state])))

                Q_value.append(np.sum(next_states_rewards))
            value_table[state] = max(Q_value)
        if (np.sum(np.fabs(updated_value_table - value_table)) <= threshold):
            print ('Value-iteration converged at iteration# %d.' %(i+1))
            break
    return value_table, Q_value
```

如此就能使用 value_iteration 函數來求出 best_value_function：

```
best_value_function = value_iteration(env=env,gamma=1.0)
```

找到 best_value_function 之後，要如何從 best_value_function 取得最佳策略呢？我們運用價值最佳的動作來計算 Q 值，並在各個狀態中找到具有最高 Q 值的動作作為最佳策略。我們透過 extract_policy() 函式來做到這件事，現在來逐一破解它。

首先定義隨機策略；所有狀態值都定義為 0：

```
policy = np.zeros(env.observation_space.n)
```

接著，針對各個狀態建立一個 Q_table，並計算該狀態中各個動作的 Q 值並加入 Q_table：

```
for state in range(env.observation_space.n):
        Q_table = np.zeros(env.action_space.n)
        for action in range(env.action_space.n):
            for next_sr in env.P[state][action]:
                trans_prob, next_state, reward_prob, _ = next_sr
                Q_table[action] += (trans_prob * (reward_prob + gamma *
value_table[next_state]))
```

根據 Q 值最大的那個動作來找出該狀態的策略：

```
policy[state] = np.argmax(Q_table)
```

以下是函式的完整內容：

```
def extract_policy(value_table, gamma = 1.0):

    policy = np.zeros(env.observation_space.n)
    for state in range(env.observation_space.n):
        Q_table = np.zeros(env.action_space.n)
        for action in range(env.action_space.n):
            for next_sr in env.P[state][action]:
                trans_prob, next_state, reward_prob, _ = next_sr
                Q_table[action] += (trans_prob * (reward_prob + gamma *
value_table[next_state]))
        policy[state] = np.argmax(Q_table)
    return policy
```

因此，optimal_policy 就算出來了：

```
optimal_policy = extract_policy(optimal_value_function, gamma=1.0)
```

取得的輸出如下，這就是 optimal_policy，說明了各狀態中所要執行的動作：

```
array([0., 3., 3., 3., 0., 0., 0., 0., 3., 1., 0., 0., 0., 2., 1., 0.])
```

完整程式碼如下：

```python
import gym
import numpy as np
env = gym.make('FrozenLake-v0')

def value_iteration(env, gamma = 1.0):
    value_table = np.zeros(env.observation_space.n)
    no_of_iterations = 100000
    threshold = 1e-20
    for i in range(no_of_iterations):
        updated_value_table = np.copy(value_table)
        for state in range(env.observation_space.n):
            Q_value = []
            for action in range(env.action_space.n):
                next_states_rewards = []
                for next_sr in env.P[state][action]:
                    trans_prob, next_state, reward_prob, _ = next_sr
                    next_states_rewards.append((trans_prob * (reward_prob +
gamma * updated_value_table[next_state])))
                Q_value.append(np.sum(next_states_rewards))
            value_table[state] = max(Q_value)
        if (np.sum(np.fabs(updated_value_table - value_table)) <= threshold):
            print ('Value-iteration converged at iteration# %d.' %(i+1))
            break
    return value_table


def extract_policy(value_table, gamma = 1.0):
    policy = np.zeros(env.observation_space.n)
        for state in range(env.observation_space.n):
            Q_table = np.zeros(env.action_space.n)
            for action in range(env.action_space.n):
                for next_sr in env.P[state][action]:
                    trans_prob, next_state, reward_prob, _ = next_sr
                    Q_table[action] += (trans_prob * (reward_prob + gamma *
value_table[next_state]))
        policy[state] = np.argmax(Q_table)
    return policy

optimal_value_function = value_iteration(env=env,gamma=1.0)
optimal_policy = extract_policy(optimal_value_function, gamma=1.0)

print(optimal_policy)
```

◉ 策略迭代

在策略迭代中，首先初始化一個隨機策略，接著就會評估這個隨機策略到底是好或不好。但如何評估這些策略呢？我們藉由計算這些隨機初始化策略的價值函數來評估它們。如果不夠好，就再找新的策略，直到找到一個夠好的策略為止。

現在來看看如何運用策略迭代來解決凍湖問題。

進入策略迭代之前，需要先了解如何計算指定策略的價值函數。

將 value_table 初始化為 0，並指定狀態數量：

```
value_table = np.zeros(env.nS)
```

接著針對各個狀態取得該策略的動作，並根據這組動作與狀態來計算價值函數，程式碼如下：

```
        updated_value_table = np.copy(value_table)
        for state in range(env.nS):
            action = policy[state]
            value_table[state] = sum([trans_prob * (reward_prob + gamma *
updated_value_table[next_state])
                    for trans_prob, next_state, reward_prob, _ in
env.P[state][action]])
```

當 value_table 與 updated_value_table 兩者差小於我們所設定的 threshold 值，中斷迴圈：

```
threshold = 1e-10
if (np.sum((np.fabs(updated_value_table - value_table))) <= threshold):
    break
```

完整程式碼如下：

```
def compute_value_function(policy, gamma=1.0):
value_table = np.zeros(env.nS)
    threshold = 1e-10
    while True:
        updated_value_table = np.copy(value_table)
        for state in range(env.nS):
            action = policy[state]
            value_table[state] = sum([trans_prob * (reward_prob + gamma *
updated_value_table[next_state])
                        for trans_prob, next_state, reward_prob, _ in
env.P[state][action]])
        if (np.sum((np.fabs(updated_value_table - value_table))) <= threshold):
            break
    return value_table
```

現在一步步來看如何執行策略迭代。

首先，使用 zero NumPy 陣列來初始化 random_policy，並指定狀態數量：

```
random_policy = np.zeros(env.observation_space.n)
```

每次遞迴都會根據隨機策略來計算 new_value_function：

```
new_value_function = compute_value_function(random_policy, gamma)
```

在此運用算好的 new_value_function 來求得策略。extract_policy 函式與先前在價值迭代中所用的相同：

```
new_policy = extract_policy(new_value_function, gamma)
```

接著檢查是否收斂，也就是藉由比較 random_policy 與新策略來判斷是否找到了最佳策略。如果兩者相同就中斷遞迴作業；否則就用 new_policy 來更新 random_policy：

```
if (np.all(random_policy == new_policy)):
    print ('Policy-Iteration converged at step %d.' %(i+1))
    break
random_policy = new_policy
```

policy_iteration 函式完整內容如下：

```
def policy_iteration(env,gamma = 1.0):
    random_policy = np.zeros(env.observation_space.n)
    no_of_iterations = 200000
    gamma = 1.0
    for i in range(no_of_iterations):
        new_value_function = compute_value_function(random_policy, gamma)
        new_policy = extract_policy(new_value_function, gamma)
        if (np.all(random_policy == new_policy)):
            print ('Policy-Iteration converged at step %d.' %(i+1))
            break
        random_policy = new_policy
    return new_policy
```

運用 policy_iteration 就能求出 optimal_policy：

```
optimal_policy =policy_iteration(env, gamma = 1.0)
```

輸出的結果就是 optimal_policy，也就是各個狀態中所要執行的動作：

```
array([0., 3., 3., 3., 0., 0., 0., 0., 3., 1., 0., 0., 2., 1., 0.])
```

完整的程式碼如下：

```
import gym
import numpy as np

env = gym.make('FrozenLake-v0')

def compute_value_function(policy, gamma=1.0):
    value_table = np.zeros(env.nS)
    threshold = 1e-10
    while True:
        updated_value_table = np.copy(value_table)
```

```
        for state in range(env.nS):
            action =policy[state]
            value_table[state] = sum([trans_prob * (reward_prob + gamma *
updated_value_table[next_state])
                        for trans_prob, next_state, reward_prob, _ in
env.P[state][action]])
            if (np.sum((np.fabs(updated_value_table - value_table))) <=
threshold):
                break
    return value_table


def extract_policy(value_table, gamma = 1.0):
    policy = np.zeros(env.observation_space.n)
    for state in range(env.observation_space.n):
        Q_table = np.zeros(env.action_space.n)
        for action in range(env.action_space.n):
            for next_sr in env.P[state][action]:
                trans_prob, next_state, reward_prob, _ = next_sr
                Q_table[action] += (trans_prob * (reward_prob + gamma *
value_table[next_state]))
        policy[state] = np.argmax(Q_table)
    return policy

def policy_iteration(env,gamma = 1.0):
    random_policy = np.zeros(env.observation_space.n)
    no_of_iterations = 200000

    gamma = 1.0
    for i in range(no_of_iterations):
        new_value_function = compute_value_function(random_policy, gamma)
        new_policy = extract_policy(new_value_function, gamma)
        if (np.all(random_policy == new_policy)):
            print ('Policy-Iteration converged at step %d.' %(i+1))
            break
        random_policy = new_policy
    return new_policy


print (policy_iteration(env))
```

如此一來，運用價值迭代與策略迭代來導出最佳策略，算出各個狀態中所
要執行的動作，凍湖問題就搞定了。

總結

本章學會了什麼是 Markov 鏈與 Markov 過程，以及如何運用 MDP 來呈現 RL 問題。我們也認識了 Bellman 方程式以及如何解它，並透過動態規劃來求出最佳策略。下一章，第 4 章「使用 *Monte Carlo 方法來玩遊戲*」中，要來看看 Monte Carlo 樹狀搜尋，並如何由此來打造智能遊戲。

問題

本章問題如下：

1. 什麼是 Markov 特性？

2. 為什麼要用到 Markov 決策過程？

3. 什麼時候會比較偏向使用立即獎勵？

4. 折扣因子的作用是什麼？

5. 為什麼要用到 Bellman 函數？

6. 如何求出 Q 函數的 Bellman 方程式？

7. 價值函數與 Q 函數之間的關聯是什麼呢？

8. 價值迭代與策略迭代的差異為何？

延伸閱讀 ∎∎∎

哈佛大學的 MDP 教學資料：

http://am121.seas.harvard.edu/site/wp-content/uploads/2011/03/
MarkovDecisionProcesses-HillierLieberman.pdf

使用 Monte Carlo
方法來玩遊戲

Monte Carlo 是一個相當熱門且普遍用於各種領域的演算法,從物理、機械到電腦科學都涵蓋在內。當無法得知環境的模型時,就可以在**強化學習(RL)**中運用 Monte Carlo 演算法。在上一章「*Markov 決策過程與動態規劃*」中,我們了解如何運用**動態規劃(dynamic programming,DP)**來尋找最佳策略,這是在模型動態(也就是轉移機率與獎勵機率)已知的前提下。但如果不知道模型動態,又該如何決定最佳策略呢?這時候就可採用 Monte Carlo 演算法;當不具備環境相關知識時,它非常適合用來尋找最佳策略。

本章學習重點如下:

- Monte Carlo 方法

- Monte Carlo 預測

- 使用 Monte Carlo 來玩二十一點(Blackjack)

- Monte Carlo 控制

- Monte Carlo 起始點

- 現時(On-policy)Monte Carlo 控制

- 離線(Off-policy)Monte Carlo 控制

Monte Carlo 方法

Monte Carlo 方法透過隨機取樣來找到約略的方案,也就是藉由執行多條路徑來估計某個結果的機率。它是個藉由取樣來找到約略答案的統計方法。現在用一個範例來讓你更加理解 Monte Carlo 法。

趣味知識: Monte Carlo 這名字是來自於 Stanislaw Ulam 這位波蘭猶太裔數學家的叔叔,這位叔叔常常和親戚借錢去一家叫做 Monte Carlo 的賭場賭錢。

◎ 使用 Monte Carlo 來估算圓周率

想像在正方形裡面放了四分之一個圓,如下圖。我們在正方形中隨機產生了一些點。可以看到有些點落在圓之內,有些則跑到圓的外面去了:

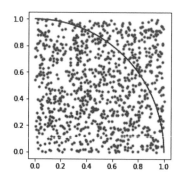

正方形與圓的面積關係可以這樣寫:

$$\frac{圓面積}{正方形面積} = \frac{在圓中的點數量}{在正方形中的點數量}$$

圓面積公式為 πr^2，正方形面積為 a^2：

$$\frac{\pi r^2}{a^2} = \frac{\text{在圓中的點數量}}{\text{在正方形中的點數量}}$$

假設圓的半徑為 1/2，正方形的邊長為 *1*，代入數字如下：

$$\frac{\pi(\frac{1}{2})^2}{1^2} = \frac{\text{在圓中的點數量}}{\text{在正方形中的點數量}}$$

簡化如下：

$$\pi = 4 * \frac{\text{在圓中的點數量}}{\text{在正方形中的點數量}}$$

要估計 π 值的步驟相當簡單：

1. 首先在正方形中隨機產生一些點。

2. 運用 $x^2 + y^2 <= size$ 公式來計算落在圓內的點數量。

3. 圓內的點數量除以正方形內的點數量之後再乘以 4，藉此計算 π 值。

4. 如果增加樣本數（隨機點的數量），預估的效果就愈好。

一步步來看如何用 Python 實作。首先匯入所需的函式庫：

```
import numpy as np
import math
import random
import matplotlib.pyplot as plt
%matplotlib inline
```

現在初始化正方形的大小，以及落在圓與正方形中的點數量。另外還要初始化樣本大小（sample size），代表了要產生的隨機點數量。最後定義 arc，就是 1/4 個圓：

```
square_size = 1
points_inside_circle = 0
points_inside_square = 0
sample_size = 1000
arc = np.linspace(0, np.pi/2, 100)
```

定義 generate_points() 函式，會在正方形中隨機產生點：

```
def generate_points(size):
    x = random.random()*size
    y = random.random()*size
    return (x, y)
```

定義 is_in_circle() 函式，檢查所產生的點是否落在圓內：

```
def is_in_circle(point, size):
    return math.sqrt(point[0]**2 + point[1]**2) <= size
```

定義用來計算 π 值的函式：

```
def compute_pi(points_inside_circle, points_inside_square): return 4 * (points_
inside_circle / points_inside_square)
```

對於取樣數量，我們隨機產生了一些點落於正方形中，並累加 points_
inside_square 這個變數值，接著檢查我們所產生的點是否落在圓內。如果
是就累加 points_inside_circle 這個變數值：

```
plt.axes().set_aspect('equal')
plt.plot(1*np.cos(arc), 1*np.sin(arc))

for i in range(sample_size):
    point = generate_points(square_size)
plt.plot(point[0], point[1], 'c.')
    points_inside_square += 1
    if is_in_circle(point, square_size):
        points_inside_circle += 1
```

使用 compute_pi() 函式來計算 π 值，並秀出 π 的約略值：

```
print("Approximate value of pi is {}"
.format(calculate_pi(points_inside_circle, points_inside_square)))
```

執行程式會看到以下的輸出結果：

```
Approximate value of pi is 3.144
```

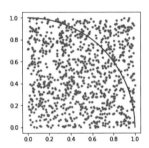

完整程式如下：

```
import numpy as np
import math
import random
import matplotlib.pyplot as plt
%matplotlib inline

square_size = 1
points_inside_circle = 0
points_inside_square = 0
sample_size = 1000
arc = np.linspace(0, np.pi/2, 100)

def generate_points(size):
    x = random.random()*size
    y = random.random()*size
    return (x, y)

def is_in_circle(point, size):
    return math.sqrt(point[0]**2 + point[1]**2) <= size

def compute_pi(points_inside_circle, points_inside_square):
    return 4 * (points_inside_circle / points_inside_square)
```

```python
plt.axes().set_aspect('equal')
plt.plot(1*np.cos(arc), 1*np.sin(arc))

for i in range(sample_size):
    point = generate_points(square_size)
    plt.plot(point[0], point[1], 'c.')
    points_inside_square += 1
    if is_in_circle(point,square_size):
        points_inside_circle += 1

print("Approximate value of pi is {}"
.format(calculate_pi(points_inside_circle, points_inside_square)))
```

因此，Monte Carlo 方法就能運用隨機取樣來估計 pi 值。我們運用落在正方形中的隨機點數量來估計 pi 值。樣本數量愈大，估計的結果就愈準。現在來看看如何在 RL 中運用 Monte Carlo 方法。

 # Monte Carlo 預測

在動態規劃中，我們使用價值迭代與策略迭代來解 **Markov Decision Process（MDP）** 問題。這兩種技巧都需要轉移機率與獎勵機率才能找到最佳策略。但如果無法得知這兩種機率，要如何解 MDP 呢？如果是這樣，就要運用 Monte Carlo 方法。Monte Carlo 方法只需要各狀態、動作與獎勵的取樣順序即可進行，它只適用於世代型（episodic）的任務。也正因為 Monte Carlo 不需要任何模型，它也稱為無模型學習演算法。

Monte Carlo 方法的基本精神相當簡單。還記得在第 3 章「*Markov 決策過程與動態規劃*」中，我們是如何定義最佳價值函數以及得到最佳策略的嗎？

價值函數基本上就是對狀態 S 應用策略 π 的期望回報。在此不使用期望回報，而是採用平均回報。

正因如此，在 Monte Carlo 預測中，我們採用平均回報而非期望回報來推估價值函數。

運用 Monte Carlo 預測，就能估計任何指定策略的價值函數。Monte Carlo 預測所需的步驟相當簡單，說明如下：

1. 首先對我們的價值函數初始化一個隨機值

2. 接著初始化名為 return 的空清單，用於存放各個回報值

3. 計算各世代中每個狀態的回報

4. 將各回報值加入 return 清單中

5. 最後把平均回報用作價值函數

請看以下流程圖，你會更清楚：

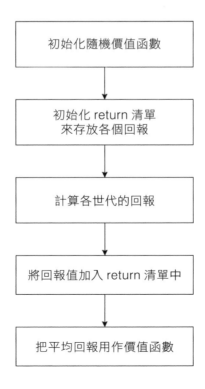

Monte Carlo 預測演算法有兩種類型：

- 首次訪問（First visit）Monte Carlo

- 每次訪問（Every visit）Monte Carlo

◉ 首次訪問 Monte Carlo

如前所述，Monte Carlo 方法使用平均回報來估計價值函數。但在首次訪問 MC 法中，我們只會在世代中首次拜訪某個狀態時去計算平均回報。以代理玩蛇梯棋遊戲為例，代理有相當大的機率在被蛇咬之後又回到原本的狀態。當代理再次拜訪這個狀態時，就不會將其視為平均回報。我們只會在代理首次拜訪某個狀態時去計算平均回報。

◉ 每次訪問 Monte Carlo

在每次訪問 Monte Carlo 中，我們把一個世代中每次拜訪某個狀態的回報取平均值。以相同的蛇梯棋遊戲為例：如果代理在被蛇咬之後又回到同一個狀態，我們可將此視為平均回報，雖然代理又再次訪問了這個狀態。這樣一來，每當代理拜訪到同一個狀態就會再次計算平均回報。

◉ 使用 Monte Carlo 來玩二十一點

現在用 Blackjack 遊戲來深入認識 Monte Carlo。Blackjack，也稱為 21 點，是賭場中相當普遍的撲克牌遊戲。遊戲的目標是讓牌的點數和盡量接近 21，但不可超過。J、K 與 Q 等卡片的價值為 10。A 的價值則根據玩家選擇，可能為 1 或 11。其他牌（1 到 10）的價值則就是它們的號碼。

遊戲規則很簡單：

- 遊戲可由一名或多名玩家與一名莊家來進行。

- 各玩家只與莊家，而不與其他玩家競賽。

- 一開始玩家會拿到兩張牌。這兩張牌的牌面都朝上,因此其他玩家也看得到。

- 莊家也會拿到兩張牌,但一張朝上,另一張則朝下。也就是說,莊家只會秀出其中一張牌。

- 如果玩家的牌點總和在拿到兩張牌之後就為 21 點(例如玩家拿到了 J 和 A,這樣就是 10+11 = 21 點),這稱為**自然(natural)**或二十一點(**Blackjack**),此時玩家勝利。

- 如果莊家的牌點總和在拿到兩張牌之後也為 21 點,由於雙方都是 21 點,因此稱為**平手(draw)**。

- 每回合中,玩家可決定是否再要一張牌,或牌點總和接近 21 點也可以不繼續要牌。

- 如果玩家決定拿牌,稱為**拿牌(hit)**。

- 如果玩家不再要牌,稱為**停牌(stand)**。

- 如果玩家牌點總和超過 21 點,稱為**爆(bust)**;這時莊家勝利。

玩一次就知道啦!現在你是玩家,我是莊家:

上圖中有一個玩家與一個莊家，兩者各有兩張牌。玩家的兩張牌都已經
face up（可見），但莊家只有一張牌 face up，另一張則是 face down（不可
見）。在第一回合中，你會拿到兩張牌，假設是 J 與 7，這樣點數是 10 + 7
= 17，你只能看到莊家（我）的一張牌，就是數字 2。我的另一張牌是 face
down。現在你得決定要拿牌（再要一張）還是停牌（不再要牌）。如果你選
擇拿牌並收到 3，你的點數就是 10+7+3 = 20，非常接近 21 點因此勝利：

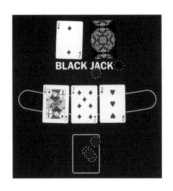

假設你收到 7 號牌，則 10+7+7 = 24，這樣超過了 21 點。這稱為爆（bust），
你這場就輸了。如果你決定停牌，那你的點數只有 10 + 7 = 17。接著就看
看莊家的牌面點數總和。如果大於 17 且沒有超過 21 點，莊家勝出，否則
就是你贏了：

在此的獎勵為：

- 玩家勝利，+1

- 玩家失敗，-1

- 雙方平手，0

可能的動作有：

- **拿牌（Hit）**：如果玩家再要一張牌

- **停牌（Stand）**：如果玩家不再要牌

玩家可以決定 A 的點數為 1 點或 11 點。如果玩家的點數和為 10，並在拿牌之後拿到一張 A，他可將其視為 11 點，所以點數為 10 + 11 = 21。但如果玩家牌點為 15 點並拿到一張 A，他還把這張 A 視為 11 點的話，點數為 15+11 = 26，這樣就爆了。如果玩家拿到一張可視為 11 點的 A 且不會爆掉，這張 A 稱為**有用的 A**（**usable ace**）。反之，如果把拿到的 A 視為 11 點之後卻爆掉，這張 A 就稱為**無用的 A**（**nonusable ace**）。

現在來看看如何使用首次訪問 Monte Carlo 演算法來進行 Blackjack 遊戲。

首先匯入所需的函式庫：

```
import gym
from matplotlib import pyplot
import matplotlib.pyplot as plt
from mpl_toolkits.mplot3d import Axes3D
from collections import defaultdict
from functools import partial

%matplotlib inline
plt.style.use('ggplot')
```

使用 OpenAI Gym 來建立 Blackjack 環境：

```
env = gym.make('Blackjack-v0')
```

接著定義策略函數，它會取得當前狀態並檢查點數是否大於等於 20；如果是就回傳 0，反之回傳 1。代表如果點數大於等於 20 就停牌（0），不然就要牌（1）：

```python
def sample_policy(observation):
    score, dealer_score, usable_ace = observation
    return 0 if score >= 20 else 1
```

現在看看如何產生世代，也就是進行一次遊戲。在此先分段說明再看完整的函式內容。

定義 states、actions 與 rewards 等清單，接著使用 env.reset 初始化環境之後存於 observation 變數中：

```python
states, actions, rewards = [], [], []
observation = env.reset()
```

接著在達到最終狀態之前，也就是該世代結束之前，執行以下內容：

1. 把 observation 加入 states 清單中：

    ```python
    states.append(observation)
    ```

2. 使用 sample_policy 函數來建立一個動作，接著把動作加入 actions 清單中：

    ```python
    action = sample_policy(observation)
    actions.append(action)
    ```

3. 接著針對環境中的每一步驟都會儲存 state、reward 與 done（指明是否已達到最終狀態）等資訊，再把獎勵加入 reward 清單中：

    ```python
    observation, reward, done, info = env.step(action)
    rewards.append(reward)
    ```

4. 如果已經達到最終狀態，就跳出：

```
if done:
    break
```

5. generate_episode 函式的完整內容如下：

```
def generate_episode(policy, env):
    states, actions, rewards = [], [], []
    observation = env.reset()
    while True:
        states.append(observation)
        action = policy(observation)
        actions.append(action)
        observation, reward, done, info = env.step(action)
        rewards.append(reward)
        if done:
            break
    return states, actions, rewards
```

這就是建立世代的方式。接著，遊戲要怎麼玩呢？為了這件事，我們必須得知各個狀態的價值。現在就來看看如何使用首次訪問 Monte Carlo 法來得知各個狀態的價值。

首先，初始化一個空白的價值表，作為儲存各狀態價值的字典：

```
value_table = defaultdict(float)
```

接著對於有限次數的世代，執行以下內容：

1. 首先，建立一個世代來儲存各個狀態與獎勵；也要將 returns 變數初始化為 0，這個變數代表所有獎勵的總和：

```
states, _, rewards = generate_episode(policy, env)
returns = 0
```

2. 接著在各步驟中將獎勵存入變數 R，狀態則存入變數 S。最後以獎勵的總和來計算回報：

```
for t in range(len(states) - 1, -1, -1):
    R =rewards[t]
    S =states[t]
    returns += R
```

3. 現在執行首次訪問 Monte Carlo 法；檢查該狀態在本世代中是否已被訪問過。如果是就計算平均回報，並以該狀態值作為平均回報：

```
if S not in states[:t]:
    N[S] += 1
    value_table[S] += (returns - V[S]) / N[S]
```

4. 看看函式的完整內容來深入了解：

```
def first_visit_mc_prediction(policy, env, n_episodes):
    value_table = defaultdict(float)
    N = defaultdict(int)

    for _ in range(n_episodes):
        states, _, rewards = generate_episode(policy, env)
        returns = 0
        for t in range(len(states) - 1, -1, -1):
            R = rewards[t]
            S = states[t]
            returns += R
            if S not instates[:t]:
                N[S] += 1
                value_table[S] += (returns - V[S]) / N[S]
    return value_table
```

5. 這樣就能取得各個狀態的數值：

```
value = first_visit_mc_prediction(sample_policy, env, n_episodes=500000)
```

6. 來看看一些狀態的值：

```
print(value)
defaultdict(float,
            {(4, 1, False): -1.024292170184644,
             (4, 2, False): -1.8670191351012455,
             (4, 3, False): 2.211363314854649,
```

```
(4, 4, False): 16.903201033000823,
(4, 5, False): -5.786238030898542,
(4, 6, False): -16.218211752577602,
```

把狀態值畫出來，看看是如何收斂的，如下圖：

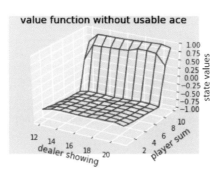

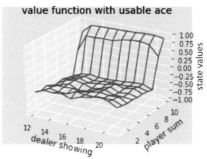

完整程式碼如下：

```
import numpy
import gym
from matplotlib import pyplot
import matplotlib.pyplot as plt
from mpl_toolkits.mplot3d import Axes3D
from collections import defaultdict
from functools import partial
%matplotlib inline

plt.style.use('ggplot')

## Blackjack Environment
```

```python
env = gym.make('Blackjack-v0')

env.action_space, env.observation_space

def sample_policy(observation):
    score, dealer_score, usable_ace = observation
    return 0 if score >= 20 else 1

def generate_episode(policy, env):
    states, actions, rewards = [], [], []
    observation = env.reset()
    while True:
        states.append(observation)
        action = sample_policy(observation)
        actions.append(action)
        observation, reward, done, info = env.step(action)
        rewards.append(reward)
        if done:
            break

        return states, actions, rewards


def first_visit_mc_prediction(policy, env, n_episodes):
    value_table = defaultdict(float)
    N = defaultdict(int)

    for _ in range(n_episodes):
        states, _, rewards = generate_episode(policy, env)
        returns = 0
        for t in range(len(states) - 1, -1, -1):
            R = rewards[t]
            S = states[t]
            returns += R
            if S not in states[:t]:
                N[S] += 1
                value_table[S] += (returns - value_table[S]) / N[S]
    return value_table

def plot_blackjack(V, ax1, ax2):
    player_sum = numpy.arange(12, 21 + 1)
    dealer_show = numpy.arange(1, 10 + 1)
    usable_ace = numpy.array([False, True])

    state_values = numpy.zeros((len(player_sum),
                                len(dealer_show),
                                len(usable_ace)))
```

```
    for i, player in enumerate(player_sum):
        for j, dealer in enumerate(dealer_show):
            for k, ace in enumerate(usable_ace):
                state_values[i, j, k] = V[player, dealer, ace]

    X, Y = numpy.meshgrid(player_sum, dealer_show)

    ax1.plot_wireframe(X, Y, state_values[:, :, 0])
    ax2.plot_wireframe(X, Y, state_values[:, :, 1])
    for ax in ax1, ax2:
        ax.set_zlim(-1, 1)
        ax.set_ylabel('player sum')
        ax.set_xlabel('dealer showing')
        ax.set_zlabel('state-value')
fig, axes = pyplot.subplots(nrows=2, figsize=(5, 8),
subplot_kw={'projection': '3d'})
axes[0].set_title('value function without usable ace')
axes[1].set_title('value function with usable ace')
plot_blackjack(value, axes[0], axes[1])
```

 ## Monte Carlo 控制

我們在 Monte Carlo 預測中看過了如何估計價值函數。而到了 Monte Carlo
控制，則要看看如何最佳化價值函數，也就是讓價值函數比估計結果再
準一點。在控制方法中，我們採用一種新的遞迴，稱為通用策略迭代
（generalized policy iteration），在此策略評估與策略改良會彼此影響。基
本上就是在策略評估與策略改良之間不斷來來回回，也就是說策略會隨著
價值函數來改良，價值函數也會根據策略而不斷改良。它會一直做下去，
當不再發生變化時，我們可以說策略與價值函數已收斂，代表找到了最佳
價值函數與最佳策略：

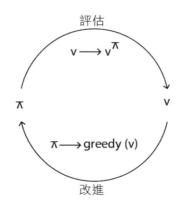

下一段要認識另一種 Monte Carlo 控制演算法。

◉ Monte Carlo 起始點

與 DP 方法不同,在此不會去估計狀態值。反之,我們在意的是動作值。當我們掌握環境模型時,只要狀態值就很足夠。但如果模型動態未知時,這就不是個單一判斷狀態值的好方法。

估計動作值比估計狀態值來得直觀多了,因為狀態值會根據我們所選的策略而變動。例如在 Blackjack 遊戲中,假設我們所在狀態是牌點數為 20。那麼本狀態的價值為何呢?它完全仰賴策略而定。如果我們的策略是拿牌(hit),那麼它就不是一個好狀態,價值也非常低。然而如果我們決定策略為停牌(stand),這顯然就是個好狀態。因此,狀態值會根據我們所選的策略而定。所以估計動作值會比估計狀態值來得更重要。

要怎麼估計動作值呢?還記得第 3 章「*Markov 決策過程與動態規劃*」中的 Q 函數嗎? Q 函數,寫作 $Q(s, a)$,是用來判斷某個動作在特定狀態中的良好程度,它會去指定一個狀態 - 動作組。

但在此延伸出了一個探索問題。如果不處於某個狀態中,要如何得知該狀態 - 動作值呢?如果沒有把所有狀態的所有可能動作都探索過一遍,很可能會漏掉一些很棒的獎勵。

假設在 Blackjack 遊戲中,我們所處的狀態是牌點數總和為 20 點。如果試著**加牌**,會得到負向獎勵,我們就會學到這不是個值得流連的好狀態。但如果嘗試**停牌**,由於這實際上已經是最佳狀態,所以會收到正向獎勵。因此每次只要再碰到這個狀態時,我們就只會停牌而不再加牌。而為了知道最佳動作究竟為何,我們需要探索各狀態中的所有可能動作來找出最佳值。但是要怎麼做呢?

在此介紹新概念:**Monte Carlo 起始點(Monte Carlo exploring starts)**,代表每一世代都是以隨機狀態作為初始狀態,接著執行某個動作。因此就算世代數量非常大,我們應該也可以涵蓋到所有狀態中的所有可能動作。這也稱為 **MC-ES** 演算法。

MC-ES 演算法概念相當簡單,說明如下:

- 首先以一些隨機值來初始化 Q 函數與策略,並建立名為 return 的空清單。

- 使用這個隨機初始化策略來開始世代。

- 接著計算這個世代中所有狀態 - 動作組的回報,並把回報加入上述的 return 清單中。

- 我們只計算獨一狀態 - 動作組的回報,因為相同的狀態 - 動作組會在一個世代中發生多次,無須保留重複的資訊。

- 求出 return 清單中的回報平均值,並將這個值指定給 Q 函數。

- 最後選定該狀態的最佳策略,也就是選定該狀態中具有最大 $Q(s,a)$ 的動作。

- 不斷(或至少非常多次)重複執行上述所有過程,這樣就能把所有不同的狀態與動作組都走完。

流程圖如下：

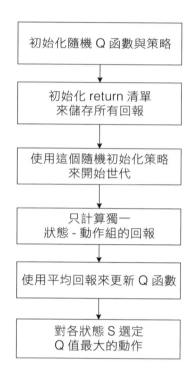

◉ 現時 Monte Carlo 控制

在 Monte Carlo 起始點中，我們會探索所有的狀態 - 動作組並選擇價值最高的那一組。但想像一下，如果狀態與動作的組合數量非常多怎麼辦呢？這時如果採用 MC-ES 演算法，就要耗費非常多的時間走完所有的狀態 - 動作組才能找出最佳者。那麼要如何克服呢？有兩種不同的控制演算法：現時（on policy）MC 控制與離線（off policy）MC 控制。現時 Monte Carlo 控制中所採用的是 ε 貪婪策略。現在就來認識何謂貪婪演算法吧。

貪婪演算法會採用當下的最佳選擇，即便該選擇並非整體問題的最佳解也沒關係。假設你想從一串數字中找出最小的數，與其直接從清單中去找，你可以把清單分成三個子清單。接著找出各個子清單中最小的數（區域最佳）。當考慮到整份清單（全域最佳）時，某個子清單的最小數就不一定真的是最小的數了。不過，如果你夠貪婪，就會發現這只是現在這個子清單中的最小數。

貪婪策略代表在已探索的所有動作中的最佳動作。最佳動作就是數值最高的那個。

假設我們已經探索過狀態 1 中的某些動作，如以下 Q 表：

狀態	動作	數值
狀態 1	動作 0	0.5
狀態 1	動作 1	0.1
狀態 1	動作 2	0.8

以貪婪的角度來看，我們會選取已探索過所有動作中數值最高的那一個動作。以上述範例來說，動作 2 的數值最高，所以我們選它。但在狀態 1 中可能還有其他未探索過的動作，它們的數值可能更高。因此我們得另外尋找最佳的動作，或採用所有已探索過動作中最佳者。這稱為探索 - 利用困境（exploration-exploitation dilemma）。舉例來說，你聽過了紅髮艾德（Ed Sheeran）的作品也相當喜歡，所以你接下來因為喜歡他的風格，所以只聽紅髮艾德（這就是利用）的作品。但如果你試著聽聽其他音樂家的作品，你有可能會更喜歡其他人（也就是探索）。到底是只聽紅髮艾德的音樂就好（利用），或試著聽聽其他音樂家來判斷是否喜歡（探索），這種左右為難的狀況就稱為探索 - 利用困境。

我們採用 epsilon- 貪婪策略來擺脫這個困境。在此，會以一個非零的機率（epsilon）來隨機探索不同的動作，並以 1-epsilon 的機率來選定數值最高的動作，也就是不再探索。因此與其從頭到尾只採用最佳動作，還是會有 epsilon 的機率去隨機探索不同的動作。如果把 epsilon 值設為 0，就不會進行任何探索。這基本上就是貪婪策略，但如果把 epsilon 值設為 1，程式就永遠只會探索而已。由於我們不可能永遠探索下去，所以 epsilon 值會慢慢變小。因此一段時間之後，我們的策略一定可以找到不錯的動作：

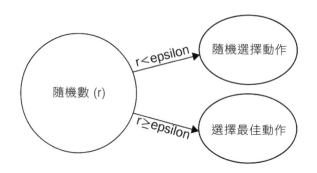

假設 epsilon 為 *0.3*。以下程式碼中，我們透過均勻分配來產生一個隨機數，如果這個數小於 epsilon（0.3），就隨機選一個動作（也就是搜尋另一個動作）。如果這個從均勻分配所產生的隨機數大於 0.3，就選擇數值最高的動作。這樣一來，就能以機率 epsilon 來探索未曾發現的動作，並以 1-epsilon 的機率從已探索過的動作中來選擇最佳動作：

```
def epsilon_greedy_policy(state, epsilon):
    if random.uniform(0,1) < epsilon:
        return env.action_space.sample()
    else:
        return max(list(range(env.action_space.n)), key = lambda x:
q[(state,x)])
```

假設我們已經運用 epsilon- 貪婪策略（未列出所有動作組）探索過狀態 1 中的以下動作，Q 表如下：

狀態	動作	價值
狀態 1	動作 0	0.5
狀態 1	動作 1	0.1

狀態	動作	價值
狀態 1	動作 2	0.8
狀態 1	動作 4	0.93

在狀態 1 中，動作 4 的值比之前找到的動作 2 來得更高。因此根據 epsilon-貪婪策略，我們以 epsilon 的機率來尋找其他不同的動作，並以 1-epsilon 的機率來尋找最佳動作。

現時 Monte Carlo 方法所需的步驟相當簡單，說明如下：

1. 首先，初始化一個隨機策略與隨機 Q 函數。

2. 初始化名為 return 的清單來儲存所有回報。

3. 運用隨機策略 π 來建立世代。

4. 將世代中所有狀態 - 動作組的回報都存入 return 清單中。

5. 計算 return 清單中的平均回報值並將本值丟給 Q 函數。

6. 由 episilon 值來決定在狀態 s 中選擇動作 a 的機率。

7. 如果機率為 1-epsilon，就選擇 Q 值最高的動作。

8. 如果機率為 epsilon，就探索其他不同的動作。

◉ 離線 Monte Carlo 控制

離線（off-policy）Monte Carlo 是另一種有趣的 Monte Carlo 控制方法。本方法有兩種策略：行為策略與目標策略。在離線 MC 法中，代理會遵循某個策略來運作，但同時也會試著學習並改良另一個不同的策略。代理所遵循的策略稱為行為策略，而代理會試著去評估並改良的策略則稱為目標策略。這兩個策略彼此毫不相關。行為策略會去探索所有可能的狀態與動作，這也是行為策略又稱為軟性（soft）策略的原因，目標策略也可稱為貪婪策略（它會去選擇價值最高的策略）。

我們的目標是估計目標策略 π 的 Q 函數，但代理卻是透過完全不同的策略來行動，稱為行為策略 μ。該怎麼作呢？我們可以運用發生於 μ 中的共用世代來估計 π 值。如何才能估計這兩個策略所共用的世代呢？這裡會用到稱為重要性取樣（importance sampling）的新技術，它可以估計樣本是來自另一個分配的分配值。

重要性取樣又分成兩類：

- 均等重要性取樣

- 加權重要性取樣

在均等（ordinary）重要性取樣中，我們計算行為策略與目標策略所獲得回報之比率，但在加權重要性取樣中則是計算加權平均，其中 C 代表權重的累加總和。

一步步來看看吧：

1. 首先，將 $Q(s,a)$ 初始化為隨機值，$C(s,a)$ 為 0，權重 w 為 1。

2. 選定目標策略，也就是貪婪策略。代表它會去找出 Q 表中價值最高的策略。

3. 選定行為策略，這並非策略，所以它可以選擇任何狀態 - 動作組。

4. 接著，根據行為策略在狀態 s 中執行動作 a 來開始這個世代，並儲存獎勵。重複以上步驟直到世代結束。

5. 對於世代中的每個狀態執行以下內容：

1. 計算回報 *G*。回報就是折扣後獎勵的總和：

    $G = discount\_factor * G + reward$

2. 更新 $C(s,a) = C(s,a) + w$

3. 更新 $Q(s,a)$：$Q(s,a) = Q(s,a) + \dfrac{w}{C(s,a)} * (G - Q(s,a))$

4. 更新 w 值：$w = w * \dfrac{1}{behaviourpolicy}$

 ## 總結

本章介紹了 Monte Carlo 法的運作方法，以及在環境模型未知時，如何運用它來處理 MDP。在此介紹了兩種方法：第一個是 Monte Carlo 預測，用於估計價值函數；另一個則是 Monte Carlo 控制，用於最佳化價值函數。

接著介紹了 Monte Carlo 預測中的兩種做法：首次訪問 Monte Carlo 預測，我們只會將世代中首次訪問的狀態回報進行平均，但在每次訪問 Monte Carlo 法中，世代中每次狀態被訪問後都會再次計算平均回報。

最後則是 Monte Carlo 控制中常見的幾種演算法。首先是 MC-ES 控制，用於探索所有的狀態 - 動作組。再來是運用了 epsilon- 貪婪策略的現時 MC 控制，最後則是同時運用了兩種策略的離線 MC 控制。

下一章，第 5 章「時間差分學習」中，會討論到其他不同種類的無模型學習演算法。

問題

本章問題如下:

1. 什麼是 Monte Carlo 方法?

2. 使用 Monte Carlo 法來估計黃金比例值。

3. Monte Carlo 預測的功能為何?

4. 首次訪問 MC 與每次訪問 MC 兩者差異為何?

5. 為什麼要估計狀態 - 動作值?

6. 現時 MC 控制與離線 MC 控制兩者差異為何?

7. 使用 Python 程式碼運用現時 MC 控制法來玩二十一點遊戲。

延伸閱讀

請參考以下內容:

- **David Silver 關於無模型預測的文章:**
  http://www0.cs.ucl.ac.uk/staff/d.silver/web/Teaching_files/MC-TD.pdf

- **David Silver 關於無模型控制的文章:**
  http://www0.cs.ucl.ac.uk/staff/d.silver/web/Teaching_files/control.pdf

時間差分學習

在上一章「使用 *Monte Carlo* 方法來玩遊戲」中，我們學會了有趣的 Monte Carlo 方法，當無法得知環境的模型動態時，它可用於解決 **Markov 決策過程（Markov Decision Process，MDP）**，這也是與動態規劃最不同之處。我們看過了 Monte Carlo 預測法，可預測價值函數與控制方法來進一步最佳化價值函數。但 Monte Carlo 方法的陷阱也不少，像是它只適用於世代型任務。如果世代很長就需要等候相當長的時間來算出價值函數。因此，我們要採用另一個很棒的演算法，叫做**時序差分（temporal-difference，TD）**學習，這是一個無模型的學習演算法：它不需要預先得知模型動態，也能應用於非世代型任務。

本章學習重點如下：

- TD 學習
- Q 學習
- SARSA

- 使用 Q 學習與 SARSA 進行計程車排程
- Q 學習與 SARSA 的差異

TD 學習

TD 學習演算法是由 Sutton 於 1988 年提出，這套演算法融合了 Monte Carlo 法與**動態規劃**兩者之長。如同 Monte Carlo 法，TD 學習無須用到模型動態就能運作；它也像 DP 一樣，不必等到每次世代結束才能估計價值函數。反之，它會根據上次所學的估計值來推測當下的估計值，又稱為自助抽樣法（bootstrapping）。在 Monte Carlo 法則沒有運用自助抽樣，我們是在世代的最末來產生估計值，但 TD 方法就可以自助抽樣。

TD 預測

如同 Monte Carlo 預測，TD 預測也會試著去預測狀態值。在 Monte Carlo 預測中，我們運用平均回報來估計價值函數。但在 TD 學習中，則是用當前狀態來更新先前狀態的值。如何做到呢？ TD 學習運用一套名為 TD 更新的規則來更新狀態值，如下：

$$V(s) = V(s) + \alpha(r + \gamma V(s') - V(s))$$

前一個狀態的價值 = 前一個狀態的價值 + 學習率 (獎勵 + 折扣因子
(當下狀態價值) - 前一個狀態的價值)

這個方程式到底是什麼意思呢？

直覺思考！它其實是實際獎勵 ($r + \gamma V(S')$) 與期望獎勵 ($V(s)$) 兩者之差再乘以學習率 alpha。學習率到底是什麼意思呢？學習率，又稱為步長 (step size)，在函數收斂時相當好用。

發現了嗎？由於要求出實際值與預測值兩者的差，$r + \gamma V(S') - V(s)$，這基本上就是個誤差值，我們可稱之為 TD 誤差。我們會試著在遞迴數次之後將這個誤差值最小化。

在此用上一章的凍湖範例來幫助你理解 TD 預測。凍湖環境等等再說明。首先，初始化價值函數為 0，也就是 V(S) 的所有狀態都為 0，如以下狀態 - 價值表所示：

假設我們處在起始狀態 *(s)* **(1,1)**，採取右移動作來進入下一個狀態 *(s')* **(1,2)**，收到的獎勵 *(r)* 為 -0.3。那麼要如何運用這項資訊來更新狀態值呢？

回想一下 TD 更新的方程式：

$$V(s) = V(s) + \alpha[r + \gamma(V(s') - V(s)]$$

假設學習率（α）為 0.1，折扣因子（γ）為 0.5；已知狀態 **(1,1)**，*v(s)*，其值為 0，下一個狀態 **(1,2)**，*V(s')*，其值也為 **0**。我們所得到的獎勵 *(r)* 為 -0.3。代入 TD 規則後計算如下：

$$V(s) = 0 + 0.1 [-0.3 + 0.5 (0)-0]$$
$$v(s) = - 0.03$$

接著要在價值表中，把狀態 **(1,1)** 的值更新為 **-0.03**，如下所示：

現在位於狀態 *(s)* 也就是 **(1,2)**，我們執行動作 right 來移動到下一個狀態 *(s')* **(1,3)**，收到的獎勵 *(r)* 為 *-0.3*。現在要如何更新狀態 **(1, 2)** 的值呢？

如之前做過的一樣，把數值代入 TD 更新方程式，可得：:

$$V(s) = 0 + 0.1 [-0.3 + 0.5(0)-0]$$
$$V(s) = -0.03$$

狀態 **(1, 2)** 的值算出來是 **-0.03**，更新價值表如下：

現在的位置是狀態 *(s)* **(1,3)**；假設我們採取的動作是 left，那麼又回到狀態 *(s')* **(1,2)**，並且收到獎勵 *(r)* 為 *-0.3*。現在，在價值表中，狀態 **(1,3)** 的值為 **0**，下一個狀態 **(1,2)** 的值則是 **-0.03**。

按照以下公式來更新狀態 **(1,3)** 的值：

$$V(s) = 0 +0.1 [-0.3 + 0.5 (-0.03)-0)]$$
$$V(s) = 0.1[-0.315]$$
$$V(s) = -0.0315$$

據此把價值表中狀態 **(1,3)** 的值更新為 **-0.0315**，如下：

運用 TD 更新規則，所有狀態值的更新方式都是一樣的。TD 預測演算法執行步驟說明如下：

1. 首先，初始化 *V(S)* 為 *0* 或隨機數值。

2. 開始世代，世代中的每一步驟都會執行狀態 *S* 的動作 *A*，收到獎勵 *R* 之後進入下一個狀態 *(s')*。

3. 使用 TD 更新規則來更新先前狀態的值。

4. 重複步驟 3 與 4，直到最終狀態。

TD 控制

在 TD 預測中，我們要做的事情是估計價值函數。但在 TD 控制中則是將價值函數最佳化。TD 控制中會用到兩種不同的控制演算法：

- **離線學習演算法**：Q 學習

- **現時學習演算法**：SARSA

◉ Q 學習

現在要介紹一款相當普遍的離線（off-policy）TD 控制演算法，叫做 Q 學習。Q 學習是一種相當簡單且已被普遍採用的 TD 演算法。在控制演算法中，我們不關心狀態值；但在 Q 學習，我們關注的是狀態 - 動作組，也就是在狀態 S 中執行動作 A 所產生的效果。

我們會根據以下方程式來更新 Q 值：

$$Q(s,a) = Q(s,a) + \alpha(r + \gamma maxQ(s'a') - Q(s,a))$$

上述方程式與 TD 預測更新規則相當類似，但還是有些不同。後續會一步步詳細介紹。Q 學習所包含的步驟說明如下：

1. 首先用隨機數值來初始化 Q 函數。

2. 使用 epsilon- 貪婪策略（$\varepsilon > 0$）在某個狀態中執行一個動作，並進入新的狀態。

3. 根據以下更新規則來更新前一個狀態的 Q 值：

$$Q(s,a) = Q(s,a) + \alpha(r + \gamma maxQ(s'a) - Q(s,a))$$

4. 重複步驟 2 與 3，直到最終狀態。

現在用不同的步驟來幫助你理解這個演算法。

再次回到凍湖範例。假設我們處於狀態 (3,2)，可用的動作有兩種：left 與 right。請參考下表，並用 epsilon- 貪婪策略來比較看看：

Q 學習採用 epsilon- 貪婪策略來決定要執行哪個動作。我們會以 epsilon 的機率來探索新動作，或是以 1- epsilon 的機率來選擇已知的最佳動作。假設機率值為 epsilon，我們探索並選擇了一個新動作 **Down**：

現在我們運用 epsilon- 貪婪策略，在狀態 **(3,2)** 執行向下的動作來到達新狀態 **(4,2)**，如何運用更新規則來更新前一個狀態 **(3,2)** 的值呢？很簡單，請看以下 Q 表：

假設學習率 alpha 為 *0.1*，折扣因子為 *1*：

$$Q(s, a) = Q(s, a) + \alpha(r + \gamma max Q(s'a) - Q(s, a))$$

Q((3,2) down) = Q((3,2), down) + 0.1 (0.3 + 1 max [Q((4,2) action)]- Q((3,2), down)

可知在 Q 表格中，狀態 **(3,2)** 執行向下動作，也就是 $Q((3,2), down)$，其值為 **0.8**。

狀態 **(4,2)** 的最大 $Q((4,2), action)$ 是什麼意思呢？目前為止只有探索了三個動作：**(up、down、right)**，所以只會根據這些動作來選出最大值（在此不執行 epsilon- 貪婪策略，只單純選擇數值最高的動作）。

因此根據上述 Q 表，可把數值取代為：

$$Q((3,2), down) = 0.8 + 0.1 (0.3 + 1 max [0.3, 0.5, 0.8] - 0.8)$$

$$= 0.8 + 0.1 (0.3 + 1 (0.8) - 0.8)$$

$$= 0.83$$

因此，$Q((3,2), down)$ 值要更新為 0.83。

回想一下在選擇動作時，我們所執行的是 epsilon- 貪婪策略：以 epsilon 的機率來探索新動作，或是以 1-epsilon 的機率來選擇數值最高的動作。更新 Q 值時則不會執行 epsilon- 貪婪策略，只單純選擇數值最高的動作。

現在我們位於狀態 (4,2)，需要執行一個動作才行，但哪一個才對呢？根據 epsilon- 貪婪策略，我們會以 epsilon 的機率來探索新動作，或是以 1-epsilon 的機率來選擇最佳動作。假設機率為 *1-epsilon* 並選定出一個最佳動作。因此在狀態 **(4,2)** 中，動作 **right** 的數值最高。因此要選定 **right** 動作：

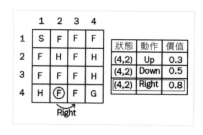

現在當我們在狀態 **(4,2)** 採取 **right** 動作時，就會進入狀態 **(4,3)**。那麼要如何更新上一個狀態的值呢？如下：

Q((4,2), right) = Q((4,2), right) + 0.1 (0.3 + 1 max [Q((4,3) action)]-Q((4,2), right)

請看以下 *Q* 表，狀態 **(4,3)** 中只探索了兩個動作（**up** 與 **down**），所以我們只會從這兩個動作來找出數值最大者（在此不會用到 epsilon- 貪婪策略；選定具有最大數值的那個動作即可）：

$$Q ((4,2), right) = Q((4,2),right) + 0.1 (0.3 + 1 max [(Q (4,3), up) ,$$

$$(Q(4,3),down)] - Q ((4,2), right)$$

$$Q ((4,2), right) = 0.8 + 0.1 (0.3 + 1 max [0.1,0.3] - 0.8)$$

$$= 0.8 + 0.1 (0.3 + 1(0.3) - 0.8)$$

$$= 0.78$$

請看以下 *Q* 表：

現在要把狀態 *Q((4,2), right)* 的值更新為 *0.78*。

這就是在 Q 學習中取得狀態 - 動作值的方法。為了決定要執行哪個動作，我們採用 epsilon- 貪婪策略，並在更新 *Q* 值時選用最大值的那個動作；流程圖如下：

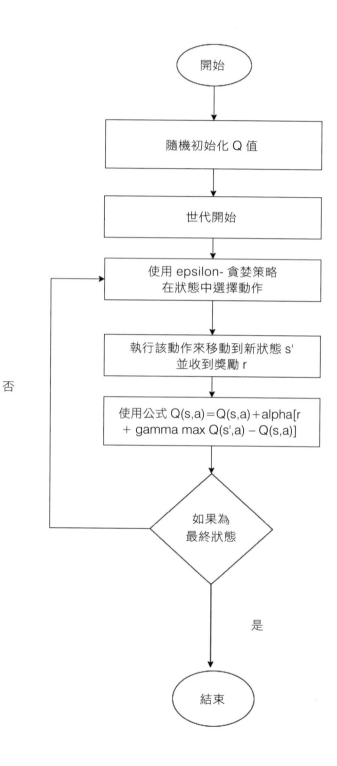

使用 Q 學習來處理計程車問題

為了示範這個問題，在此讓代理來扮演司機。總共有四個地點，代理會在某個位置讓乘客上車並讓他們在另一個地點下車。代理會收到 +20 分作為成功下車的獎勵，並每經過一個 time step 就扣一分，另外，如果讓乘客不合規定上下車就會被扣 10 分。因此，代理的目標是要學會在最短時間內，在正確地點讓乘客上下車，另外也不能讓不合規定的乘客上車。

整體環境如下，字母 (R, G, Y, B) 代表了不同的地點，小方塊則代表負責駕駛計程車的代理：

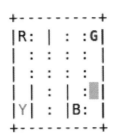

請看程式碼：

```
import gym
import random
```

使用 gym 來建置環境：

```
env = gym.make("Taxi-v1")
```

這台計程車所處的環境到底長什麼樣子呢？如下：

```
env.render()
```

OK，首先要初始化學習率 alpha、epsilon 與 gamma 等數值：

```
alpha = 0.4
gamma = 0.999
epsilon = 0.017
```

接著要初始化 Q 表；它有一個 dictionary 以 (state, action) 的格式來儲存所有狀態 - 動作組：

```
q = {}
for s in range(env.observation_space.n):
    for a in range(env.action_space.n):
        q[(s,a)] = 0.0
```

在此要定義一個新的函數，它可以根據 Q 學習更新規則來更新 Q 表；請看以下函數，其中選擇了狀態 - 動作組中數值最高的那個動作，再儲存於 qa 變數中。接著就是根據更新規則來更新前一狀態的 Q 值，如下：

$$Q(s,a) = Q(s,a) + \alpha(r + \gamma maxQ(s'a) - Q(s,a))$$

```
def update_q_table(prev_state, action, reward, nextstate, alpha, gamma):
    qa = max([q[(nextstate, a)] for a in range(env.action_space.n)])
    q[(prev_state,action)] += alpha * (reward + gamma * qa -
q[(prev_state,action)])
```

接著，定義了一個用來執行 epsilon- 貪婪策略的函數，我們會把狀態與 epsilon 值丟給它。我們使用均勻分配來產生一些隨機數，如果該值小於 epsilon，就在該狀態中探索不同的動作，否則就直接採用 Q 值最大的動作：

```
def epsilon_greedy_policy(state, epsilon):
    if random.uniform(0,1) < epsilon:
        return env.action_space.sample()
    else:
        return max(list(range(env.action_space.n)), key = lambda x:
q[(state ,x)])
```

把所有函數結合起來，就知道如何執行 Q 學習了：

```
# 每世代都執行以下內容
for i in range(8000):

    r = 0
    # 首先初始化環境

    prev_state = env.reset()
    while True:
        # 每個狀態都運用 epsilon 貪婪策略來選擇動作
        action = epsilon_greedy_policy(prev_state, epsilon)
        # 執行選定的動作並進入下一個狀態
        nextstate, reward, done, _ = env.step(action)
        # 使用 update_q_table() 函數來更新 Q 值
        # 就是根據更新規則來更新 Q 表

        update_q_table(prev_state, action, reward, nextstate, alpha, gamma)
        # 將前一個狀態更新為 nextstate
        prev_state = nextstate

        # 累加獎勵於 r
        r += reward
        # 如果完成，例如到達本世代的最終狀態
        # 就跳出迴圈並開始下一個世代
        if done:
            break

    print("total reward: ", r)

env.close()
```

完整程式碼如下：

```
import random
import gym

env = gym.make('Taxi-v1')

alpha = 0.4
gamma = 0.999
epsilon = 0.017

q = {}
for s in range(env.observation_space.n):
    for a in range(env.action_space.n):
        q[(s,a)] = 0
```

```python
def update_q_table(prev_state, action, reward, nextstate, alpha, gamma):
    qa = max([q[(nextstate, a)] for a in range(env.action_space.n)])
    q[(prev_state,action)] += alpha * (reward + gamma * qa - q[(prev_state,action)])

def epsilon_greedy_policy(state, epsilon):
    if random.uniform(0,1) < epsilon:
        return env.action_space.sample()
    else:
        return max(list(range(env.action_space.n)), key = lambda x: q[(state,x)])

for i in range(8000):
    r = 0
    prev_state = env.reset()
    while True:
        env.render()
        # 每個狀態都運用 epsilon 貪婪策略來選擇動作
        action = epsilon_greedy_policy(prev_state, epsilon)
        # 執行選定的動作來進入下一個狀態並收到獎勵
        nextstate, state, done, _ = env.step(action)
        # 使用 update_q_table() 函數來更新 Q 值
        # 就是根據 Q 學習更新規則來更新 Q 值
        update_q_table(prev_state, action, reward, nextstate, alpha, gamma)
        # 最後將前一個狀態更新為 nextstate
        prev_state = nextstate

        # 儲存所有已收到的獎勵
        r += reward

        # 如果到達本世代的最終狀態就跳出迴圈
        if done:
            break

    print("total reward: ", r)
env.close()
```

◉ SARSA

狀態 - 動作 - 獎勵 - 狀態 - 動作（State-Action-Reward-State-Action，SARSA） 是一種現時 TD 控制演算法。如同 Q 學習，在此同樣要注意的是狀態 - 動作值，而非狀態 - 價值組。在 SARSA 中，會根據以下規則來更新 Q 值：

$$Q(s,a) = Q(s,a) + \alpha(r + \gamma Q(s'a') - Q(s,a))$$

在上述式子中，你可能會發現與 Q 學習不同之處在於只有 $Q(s',a')$，而沒有 max $Q(s',a')$。我們會透過逐步執行來幫助你深入理解。SARSA 的步驟如下：

1.　首先隨機初始化 Q 值。

2.　根據 epsilon- 貪婪策略（$\epsilon > 0$）來選擇動作，並進入下一個狀態。

3.　透過更新規則 $Q(s,a) = Q(s,a) + \alpha(r + \gamma Q(s'a') - Q(s,a))$ 來更新前一個狀態的 Q 值，其中 a' 是由 epsilon- 貪婪策略（$\epsilon > 0$）所選擇的動作。

現在讓我們透過相同的凍湖問題逐步來理解這個演算法。假設我們現在處於狀態 **(4,2)**，並根據 epsilon- 貪婪策略來決定要做哪個動作。假設我們以 1-epsilon 的機率選出了最佳動作 **right**：

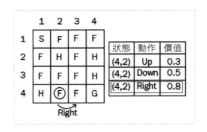

在狀態 **(4,2)** 執行 **right** 動作之後，現在我們來到了狀態 **(4,3)**。如何更新前一個狀態 **(4,2)** 的值呢？現在假設 alpha 為 *0.1*、reward 為 *0.3*，以及折扣因子為 *1*：

$$Q(s,a) = Q(s,a) + \alpha(r + \gamma Q(s'a') - Q(s,a))$$

Q((4,2), right) = Q((4,2),right) + 0.1 (0.3 + 1 Q((4,3), action)) - Q((4,2) , right)

我們要如何選出 *(Q (4,3), action)* 這個值呢？這裡與 Q 學習不同，我們不是只找出數值最大的 *(Q(4,3), action)*，SARSA 會運用 epsilon- 貪婪策略。

請看以下的 Q 表，狀態 **(4,3)** 中已經探索了兩個動作。與 Q 學習不同，我們不會直接選擇 down 這個數值最大的動作：

在此同樣根據 epsilon- 貪婪策略，會以機率 epsilon 來探索，或以機率 1-epsilon 的機率採用既有動作。假設我們以機率 epsilon 來探索新動作，結果找到了新動作 **right** 並執行這個動作：

$$Q ((4,2), right) = Q((4,2),right) + 0.1 (0.3 + 1 (Q (4,3), right) - Q ((4,2), right)$$

$$Q ((4,2), right) = 0.8 + 0.1 (0.3 + 1(0.9) - 0.8)$$

$$= 0.8 + 0.1 (0.3 + 1(0.9) - 0.8)$$

$$= 0.84$$

這就是 SARSA 取得狀態 - 動作值的方法，運用 epsilon- 貪婪策略來執行動作，並在更新 Q 值時也運用相同策略來選擇動作。

SARSA 演算法的流程如下圖：

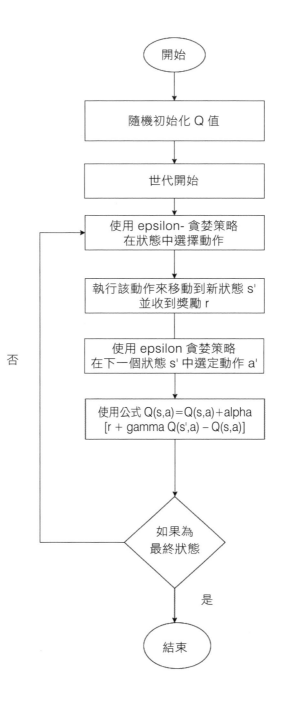

使用 SARSA 來處理計程車問題

現在運用 SARSA 來解決同一個計程車問題：

```python
import gym
import random
env = gym.make('Taxi-v1')
```

另外也要初始化學習率 alpha、gamma 與 epsilon。Q 表以 dictionary 來建立：

```python
alpha = 0.85
gamma = 0.90
epsilon = 0.8

Q = {}
for s in range(env.observation_space.n):
    for a in range(env.action_space.n):
        Q[(s,a)] = 0.0
```

定義探索用的 epsilon_greedy 策略：

```python
def epsilon_greedy(state, epsilon):
    if random.uniform(0,1) < epsilon:
        return env.action_space.sample()
    else:
        return max(list(range(env.action_space.n)), key = lambda x:
Q[(state, x)])
```

現在，加入真實的 SARSA 演算法：

```python
for i in range(4000):
    # 將各世代的累積獎勵存於 r
    r = 0
    # 每次遞迴都將狀態重置
    state = env.reset()
    # 運用 epsilon- 貪婪策略來選擇動作
    action = epsilon_greedy(state,epsilon)
    while True:
        # 執行狀態中選定的動作並進入下一個狀態
        nextstate, reward, done, _ = env.step(action)
```

```
        # 運用 epsilon- 貪婪策略來選擇下一個動作
        nextaction = epsilon_greedy(nextstate,epsilon)
        # 根據更新規則來計算前一個狀態的 Q 值
        Q[(state, action)] += alpha * (reward + gamma *
Q[(nextstate, nextaction)]-Q[(state, action)])

        # 最後以下一個動作與狀態來更新原有的狀態與動作
        action = nextaction
        state = nextstate
        r += reward
        # 如果到達本世代的最終狀態就跳出迴圈
        if done:
            break


env.close()
```

請執行程式來看看 SARSA 如何找到最佳路徑。

完整程式碼如下：

```
# 如同 Q 學習範例，先匯入所需的函式庫並初始化環境

import gym
import random
env = gym.make('Taxi-v1')

alpha = 0.85
gamma = 0.90
epsilon = 0.8

# 以 dictionary 初始化 Q 表來儲存所有狀態 - 動作值
Q = {}
for s in range(env.observation_space.n):
    for a in range(env.action_space.n):
        Q[(s,a)] = 0.0

# 定義名為 epsilon_greedy 的函數，它會根據 epsilon- 貪婪策略來執行動作
def epsilon_greedy(state, epsilon):
    if random.uniform(0,1) < epsilon:
        return env.action_space.sample()
    else:
        return max(list(range(env.action_space.n)), key = lambda x:
Q[(state, x)])
```

```
for i in range(4000):
    # 將各世代的累積獎勵儲存於 r
    r = 0
    # 每次遞迴都將狀態重置
    state = env.reset()
    # 運用 epsilon 貪婪策略來選擇動作
    動作 = epsilon_greedy( 狀態 ,epsilon)
    while True:
        # 執行狀態中選定的動作並進入下一個狀態
        nextstate, reward, done, _ = env.step(action)
        # 運用 epsilon 貪婪策略來選擇下一個動作
        nextaction = epsilon_greedy(nextstate,epsilon)
        # 根據更新規則來計算前一個狀態的 Q 值
        Q[(state, action)] += alpha * (reward + gamma *
Q[(nextstate,nextaction)]-Q[(state,action)])

        # 最後以下一個動作與狀態來更新原有的狀態與動作
        action = nextaction
        state = nextstate
        r += reward
        # 如果到達本世代的最終狀態就跳出迴圈
        if done:
            break


env.close()
```

Q 學習與 SARSA 的差異 ▪▪▪

很多人常搞不清楚 Q 學習與 SARSA，在此就來說明兩者究竟哪裡不同。請
看以下流程圖：

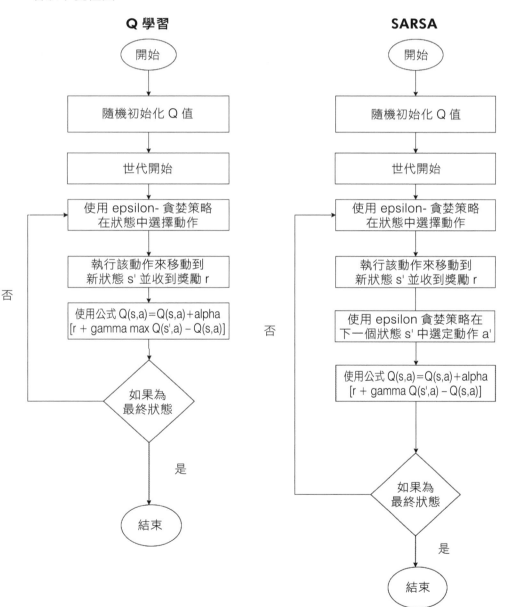

看得出來哪邊不一樣嗎？在 Q 學習中，我們根據 epsilon- 貪婪策略來執行動作，且在更新 Q 值時只單純選擇價值最高的動作。相較之下在 SARSA 中，一樣是根據 epsilon- 貪婪策略來執行動作，但在更新 Q 值時也同樣使用 epsilon- 貪婪策略來挑選動作。

 總結

在本章中，我們學會了一個與眾不同的無模型學習演算法，成功克服了 Monte Carlo 法的限制。預測與控制方法都介紹了。在 TD 預測中，根據下一個狀態來更新指定狀態的狀態值。另外就控制方法而言，我們也介紹了兩種不同的演算法：Q 學習與 SARSA。

 問題

本章問題如下：

1. TD 學習與 Monte Carlo 方法有何不同？

2. TD 誤差究竟是什麼呢？

3. TD 預測與控制有何不同？

4. 如何使用 Q 學習建置一個智能代理？

5. Q 學習與 SARSA 有何不同？

 延伸閱讀

Sutton 的 TD 論文原文：https://pdfs.semanticscholar.org/9c06/865e912788a6a51470724e087853d7269195.pdf

多臂式吃角子老虎機問題

先前章節中介紹了**強化學習**與數種演算法的重要概念，以及 RL 問題如何根據 **Markov 決策過程（MDP）**來建模。我們也討論了用於解決 MDP 問題的模型式與無模型演算法。本章要討論一個 RL 的經典問題，稱為**多臂式吃角子老虎機（multi-armed bandit，MAB）**問題。你會理解何謂 MAB 問題、如何用不同的演算法來處理這個問題，以及如何運用 MAB 來找出正確的廣告橫幅，好讓點擊數愈高愈好。我們還會學到廣泛用於製作推薦系統的情境式吃角子老虎機。

本章學習重點如下：

- MAB 問題

- epsilon- 貪婪演算法

- softmax 探索演算法

- 信賴區間上限演算法

- 湯普森取樣演算法

- MAB 的各種應用

- 使用 MAB 上下文來找出正確的廣告橫幅

- 情境式吃角子老虎機

MAB 問題

MAB 問題是 RL 的經典問題之一。MAB 就是台拉霸機，賭場中的賭博機具，你拉下桿子就會根據隨機產生的機率分配得到報酬（先前章節中所謂的獎勵）。一台拉霸機就稱為單臂式吃角子老虎機，而多台拉霸機則稱為多臂式吃角子老虎機或 k 臂式吃角子老虎機。

MAB 如下圖：

由於每台拉霸機會根據自身的機率分配來給出獎勵，因此我們的目標就是在操作一段時間之後，找到累積獎勵最大的那一台拉霸機。因此在每次時間步驟 t，代裡都會執行動作 a_t，就是拉下拉霸機的手臂，並收到獎勵 r_t，且代理的目標就是讓累積獎勵最大。

指定手臂的值 $Q(a)$ 定義為拉下該手臂所收到的平均獎勵：

$$Q(a) = \frac{\text{由某隻手臂得到的獎勵總和}}{\text{該手臂拉下總次數}}$$

因此最佳手臂代表得到的累積獎勵最大，如下：

$$Q(a^*) = Max\, Q(a)$$

代理的目標是找到最佳手臂並將後悔降到最低，後悔代表為了得知 k 隻手臂中何者為最佳所耗費的成本。現在的問題就變成如何找到最佳手臂？應該要探索所有手臂呢，還是選擇已知累積獎勵最高的手臂？這裡又再次碰到了探索 - 利用困境。現在來看看如何使用下列各種探索策略來解決這個難題：

- epsilon- 貪婪策略

- softmax 探索

- 信賴區間上限演算法

- 湯普森取樣法

在接下去之前，我們得先在 OpenAI Gym 中安裝吃角子老虎機的環境，請在終端機中輸入以下指令來安裝：

```
git clone https://github.com/JKCooper2/gym-bandits.git
cd gym-bandits
pip install -e .
```

安裝好之後請匯入 gym 與 gym_bandits：

```
import gym_bandits
import gym
```

初始化環境，我們採用有 10 隻手臂的 MAB：

```
env = gym.make("BanditTenArmedGaussian-v0")
```

由於手臂有 10 隻，因此動作空間也是 10：

```
env.action_space
```

輸出結果如下：

10

◉ epsilon- 貪婪策略

我們已經學過不少關於 epsilon- 貪婪策略的事情了。在 epsilon- 貪婪策略中，我們會以 1-epsilon 的機率來選擇最佳手臂，或以機率 epsilon 來隨機選擇其他手臂。

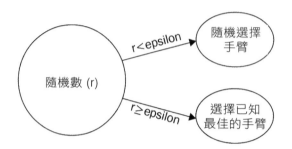

現在看看如何使用 epsilon- 貪婪策略來選擇最佳的手臂：

1. 首先初始化所有變數：

```
# 回合次數 ( 遞迴 )
num_rounds = 20000

# 某隻手臂被拉下次數的計數器
count = np.zeros(10)

# 各手臂的獎勵總和
sum_rewards = np.zeros(10)

# Q 值，也就是平均獎勵
Q = np.zeros(10)
```

2. 定義 epsilon_greedy 函數：

```
def epsilon_greedy(epsilon):
    rand = np.random.random()
    if rand < epsilon:
        action = env.action_space.sample()
    else:
        action = np.argmax(Q)
    return action
```

3. 開始拉手臂：

```
for i in range(num_rounds):
    # 使用 epsilon- 貪婪策略來選擇手臂
    arm = epsilon_greedy(0.5)
    # 取得獎勵
    observation, reward, done, info = env.step(arm)
    # 更新該手臂的計數
    count[arm] += 1
    # 計算該手臂的獎勵總和
    sum_rewards[arm]+=reward
    # 計算 Q 值，也就是該手臂的平均獎勵
    Q[arm] = sum_rewards[arm]/count[arm]

print( 'The optimal arm is {}'.format(np.argmax(Q)))
```

輸出訊息如下：

```
The optimal arm is 3
```

◉ softmax 探索演算法

softmax 探索，又稱為 Boltzmann 探索，是另一個用來尋找最佳吃角子老虎機的策略。epsilon- 貪婪策略會均等地去考量所有非最佳的手臂，但在 softmax 探索中，我們會根據 Boltzmann 機率分配來選擇手臂。選中某隻手臂的機率為：

$$P_t(a) = \frac{exp(Q_t(a)/\tau)}{\sum_{i=1}^{n} exp(Q_t(i)/\tau)}$$

τ 稱為溫度因子（temperature factor），代表我們可探索的隨機手臂數量。當 τ 值很大時，所有手臂都會被均等地探索到，但當 τ 值很低時，就會去選擇高獎勵的手臂。請參考以下步驟：

1. 首先，初始化所有變數：

```
# 回合次數 ( 迴圈 )
num_rounds = 20000

# 某隻手臂被拉下次數的計數器
count = np.zeros(10)

# 各手臂的獎勵總和
sum_rewards = np.zeros(10)

# Q 值，也就是平均獎勵
Q = np.zeros(10)
```

2. 定義 softmax 函式：

```
def softmax(tau):
    total = sum([math.exp(val/tau) for val in Q])
    probs = [math.exp(val/tau)/total for val in Q]
    threshold = random.random()
    cumulative_prob = 0.0
    for i in range(len(probs)):
        cumulative_prob += probs[i]
        if (cumulative_prob > threshold):
            return i
    return np.argmax(probs)
```

3. 拉下手臂：

```
for i in range(num_rounds):
    # 使用 softmax 策略來選擇手臂
    arm = softmax(0.5)
    # 取得獎勵
    observation, reward, done, info = env.step(arm)
    # 更新該手臂的計數
    count[arm] += 1
    # 計算該手臂的獎勵總和
    sum_rewards[arm]+=reward
    # 計算 Q 值，也就是該手臂的平均獎勵
    Q[arm] = sum_rewards[arm]/count[arm]
print( 'The optimal arm is {}'.format(np.argmax(Q)))
```

輸出內容如下：

```
The optimal arm is 3
```

⊙ 信賴區間上限演算法

不論是 epsilon- 貪婪與 softmax 探索，我們都是根據某個機率來隨機探索不同的動作；這個隨機動作對於探索各手臂來說相當實用，但也可能找到根本不會有好獎勵的動作。我們也不希望漏掉在一開始回合中獎勵不佳但實際上是潛力股的手臂。因此我們採用一個新的演算法，叫做**信賴區間上限演算法（upper confidence bound，UCB）**，它是以不確定行為優先探索（optimism in the face of uncertainty）原則為基礎。

UCB 演算法是根據信賴區間來幫助我們選定最佳手臂。好啦，那到底什麼是信賴區間？假設有兩隻手臂，我們兩隻都拉拉看，結果一隻的獎勵是 0.3，另一隻則是 0.8。但我們不能只拉一次就歸納出 "2 號手臂的獎勵最好" 這個結論，得多拉幾次並計算各手臂的獎勵平均值，再去選擇平均值最高的那隻手臂。但要如何正確找出這些手臂的平均值呢？這裡就是信賴區間登場的時候了。信賴區間會指出平均獎勵值會落入的區間。如果 1 號手臂的信賴區間為 *[0.2, 0.9]*，代表 1 號手臂的平均值會落在 0.2 到 0.9 這個區間中。0.2 稱為信賴下界（lower confidence bound），0.9 則稱為信賴上界（UCB）。UCB 會找出 UCB 較高的機器並進行探索。

假設有三台拉霸機，每台拉霸機都玩 10 次。這三台拉霸機的信賴區間如下圖：

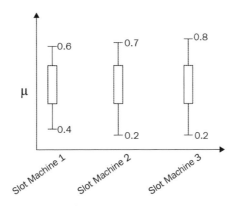

由圖可知**拉霸機 3** 的 UCB 較高，但只拉 10 次的話還不能武斷地說：**拉霸機 3** 的獎勵最好。多拉幾次之後，信賴區間就會更準確。因此一段時間之後，信賴區間就會漸漸收斂到一個實際值，如下圖所示。所以現在我們就可以選擇 UCB 最高的**拉霸機 2**：

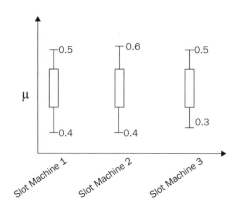

UCB 的概念非常簡單：

1. 選擇平均獎勵總和與 UCB 較高的動作（手臂）

2. 拉下手臂並收到獎勵

3. 更新該手臂的獎勵與信賴上界

但是如何計算 UCB 呢？

使用公式 $\sqrt{\frac{2log(t)}{N(a)}}$ 來計算 UCB，其中 $N(a)$ 代表這隻手臂被拉下的次數，t 則是回合總數。

因此在 UCB 中選到某隻手臂的公式如下：

$$Arm = argmax_a[Q(a) + \sqrt{\frac{2log(t)}{N(a)}}]$$

首先，初始化所有變數：

```
# 回合次數 ( 遞迴 )
num_rounds = 20000

# 某隻手臂被拉下次數的計數器
count = np.zeros(10)

# 各手臂的獎勵總和
sum_rewards = np.zeros(10)

# Q 值，也就是平均獎勵
Q = np.zeros(10)
```

定義 UCB 函式：

```
def UCB(iters):
    ucb = np.zeros(10)
    #探索所有手臂
    if iters < 10:
        return i
    else:
        for arm in range(10):
            # 計算上界
            upper_bound = math.sqrt((2*math.log(sum(count))) / count[arm])
            # 累加上界與 Q 值
            ucb[arm] = Q[arm] + upper_bound
        # 回傳數值最高的手臂
        return (np.argmax(ucb))
```

拉手臂囉！

```
for i in range(num_rounds):
    # 使用 UCB 來選擇手臂
    arm = UCB(i)
    # 取得獎勵
    observation, reward, done, info = env.step(arm)
    # 更新該手臂的計數
    count[arm] += 1
    # 計算該手臂的獎勵總和
    sum_rewards[arm]+=reward
    # 計算 Q 值，也就是該手臂的平均獎勵
    Q[arm] = sum_rewards[arm]/count[arm]
print( 'The optimal arm is {}'.format(np.argmax(Q)))
```

輸出內容如下：

```
The optimal arm is 1
```

◉ 湯普森取樣演算法

湯普森取樣（Thompson sampling，TS） 是另一種常用的演算法，用來解決探索 - 利用困境。它是以事前分配為基礎的機率型演算法。TS 蘊含的策略相當簡單：首先計算 k 隻手臂中各手臂平均獎勵的事前分配，也就是我們從 k 隻手臂中的各手臂都取 n 個樣本，並計算 k 分配。這些初始分配不會與真實的分配相同，因此稱為事前分配：

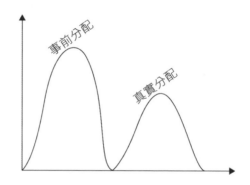

由於在此是 Bernoulli 獎勵，我們採用 beta 分配來計算事前分配。beta 分配 [alpha, beta] 的值會落在 [0,1] 區間中。alpha 代表我們收到正面獎勵的次數，beta 則代表收到負面獎勵的次數。

現在要看看 TS 如何幫助我們選出最佳手臂，TS 所需的步驟如下：

1. 從 k 分配中各抽樣一個值，並將本值作為事前分配的平均值。

2. 選擇事前分配的平均值最高的手臂並觀察其獎勵。

3. 使用觀察後的獎勵來修正 prior 分配。

因此在數個回合之後，事前分配會開始逼近真實分配：

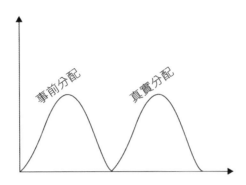

透過 Python 應該更能幫助你理解 TS。首先，請初始化所有變數：

```
# 回合次數 ( 遞迴 )
num_rounds = 20000

# 某隻手臂被拉下次數的計數器
count = np.zeros(10)

# 各手臂的獎勵總和
sum_rewards = np.zeros(10)

# Q 值，也就是平均獎勵
Q = np.zeros(10)

# 初始化 alpha 與 beta 值
alpha = np.ones(10)
beta = np.ones(10)
```

定義 thompson_sampling 函式：

```
def thompson_sampling(alpha,beta):
    samples = [np.random.beta(alpha[i]+1,beta[i]+1) for i in range(10)]

    return np.argmax(samples)
```

使用 TS 開始玩吃角子老虎機：

```
for i in range(num_rounds):

    # 使用湯普森取樣來選擇手臂
    arm = thompson_sampling(alpha,beta)

    # 取得獎勵
    observation, reward, done, info = env.step(arm)

    # 更新該手臂的計數
    count[arm] += 1

    #計算該手臂的獎勵總和
    sum_rewards[arm]+=reward

    #計算 Q 值，也就是該手臂的平均獎勵
    Q[arm] = sum_rewards[arm]/count[arm]

    # 如果為正向獎勵就累加 alpha
    if reward > 0:
    alpha[arm] += 1

    # 如果為負向獎勵就累加 beta
    else:
    beta[arm] += 1

print( 'The optimal arm is {}'.format(np.argmax(Q)))
```

輸出結果如下：

```
The optimal arm is 3
```

MAB 的應用

目前為止已經討論過 MAB 問題，以及如何運用各種探索策略來解決它。但本問題可不只能用來玩拉霸機而已，應用可多著呢。

角子機可用於取代 AB 測試，AB 測試是一種普遍使用的經典測試方法。假設你的網站主頁有兩種版本，那麼要如何得知多數使用者比較喜歡哪一個呢？你可以運用 AB 測試來知道哪一個版本比較受歡迎。

AB 測試會分配一段時間來探索，也會有另一段時間來使用既有策略。代表在此共有兩段專門用於探索與利用的獨立時段。但這個方法的問題是會產生許多後悔。因此就要運用許多探索策略來將後悔降到最低，也就是先前用於解決 MAB 的那些。與其分別對各機器執行完整的探索與利用策略，我們現在會把兩者混搭來同時進行探索與利用。

角子機已廣泛用於網站最佳化、轉換率最大化、線上廣告與競選活動等等。假設你正在進行短期競選。並且將要進行 AB 測試，那麼你絕大部分的時間都會用在探索與測試，因此以本狀況就很適合使用角子機。

 ## 使用 MAB 來找出正確的廣告橫幅

假設你正管理一個網站，對於同一則廣告有五種不同的橫幅，然後你想知道哪一個廣告橫幅最能吸引使用者。我們可以把這個問題敘述視為一個角子機問題。假設這五個橫幅就是角子機的五隻手臂，而當使用者點選廣告我們就給 1 分，如果沒有點選廣告則給 0 分。

在一般的 AB 測試中，我們會在決定哪一則廣告為最佳之前，對所有的五個橫幅都進行完整的探索。但這會耗費相當大的成本與時間。反之，我們將運用某個不錯的探索策略來決定哪一個橫幅的獎勵最好（點擊數最高）。

首先匯入所需的函式庫：

```
import pandas as pd
import numpy as np
import matplotlib.pyplot as plt
import seaborn as sns
%matplotlib inline
```

在此模擬一個大小為 5 × 10,000 的資料集，行數為 Banner_type 廣告，列數則為 0 或 1，分別代表這則廣告被使用者點擊 (1) 或未點擊 (0)：

```
df = pd.DataFrame()
df['Banner_type_0'] = np.random.randint(0,2,100000)
df['Banner_type_1'] = np.random.randint(0,2,100000)
df['Banner_type_2'] = np.random.randint(0,2,100000)
df['Banner_type_3'] = np.random.randint(0,2,100000)
df['Banner_type_4'] = np.random.randint(0,2,100000)
```

看看其中的幾列資料吧：

```
df.head()
```

	Banner_type_0	Banner_type_1	Banner_type_2	Banner_type_3	Banner_type_4
0	1	1	0	1	1
1	0	1	1	1	0
2	1	1	0	0	1
3	0	0	0	0	1
4	0	1	1	1	1
5	0	1	1	0	1
6	1	0	0	1	1
7	0	1	1	0	1
8	0	0	1	0	1
9	0	0	0	1	0

```
num_banner = 5
no_of_iterations = 100000
banner_selected = []
count = np.zeros(num_banner)
Q = np.zeros(num_banner)
sum_rewards = np.zeros(num_banner)
```

定義 epsilon- 貪婪策略：

```
def epsilon_greedy(epsilon):
    random_value = np.random.random()
    choose_random = random_value < epsilon
    if choose_random:
        action = np.random.choice(num_banner)
    else:
        action = np.argmax(Q)
        return action

for i in range(no_of_iterations):
    banner = epsilon_greedy(0.5)
    reward = df.values[i, banner]
    count[banner] += 1
    sum_rewards[banner]+=reward
    Q[banner] = sum_rewards[banner]/count[banner]
    banner_selected.append(banner)
```

繪製結果來看看哪一個 banner 的點擊數最高：

```
sns.distplot(banner_selected)
```

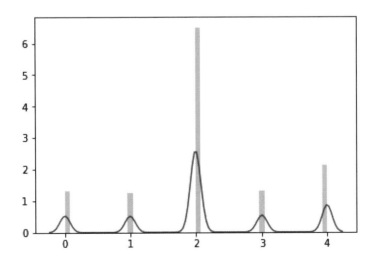

情境式吃角子老虎機

我們已經看過角子機如何用於向使用者推薦正確的廣告橫幅，但每個使用者對於廣告的喜好都不一樣。使用者 A 喜歡橫幅類型 1，但使用者 B 可能喜歡橫幅類型 3。所以需要根據使用者行為來客製化廣告橫幅，但是要怎麼做呢？在此介紹一種新型的角子機，稱為情境式吃角子老虎機（contextual bandits）。

在一般的 MAB 問題中，我們執行某個動作並收到獎勵，但情境式吃角子老虎機不會只單純執行動作，還需要考慮環境狀態，狀態則包含了情境。在此，狀態會指明各種使用者的行為，因此我們會根據能導致最高獎勵（廣告點擊次數）的狀態（使用者行為）來執行動作（顯示廣告）。因此，情境式吃角子老虎機才會被廣泛用於根據使用者偏好行為來提供個人化內容。它可用來處理推薦系統常見的冷啟動（cold-start）問題（譯註：指系統在不了解新進使用者的喜好情況下無法進行推薦，而新的項目由於沒有評分紀錄也沒辦法被推薦）。Netflix 公司就運用了情境式吃角子老虎機，根據使用者行為來針對每位使用者推出個人化電視節目格狀牆。

總結

本章中，你學會了什麼是 MAB 問題，以及它的各種應用。我們介紹了一些用來解決探索 - 利用困境的方法。首先是 epsilon- 貪婪策略，會以機率 epsilon 來探索，並以 1-epsilon 的機率來運用已知策略。另外則是 UCB 演算法，它會選擇上界值最高的動作，以此為最佳動作。最後則是 TS 演算法，根據 beta 分配來選擇最佳動作。

後續章節中會繼續介紹深度學習，以及如何將其用於解決各種 RL 問題。

問題

本章問題如下：

1. 什麼是 MAB 問題？

2. 什麼是探索 - 利用困境？

3. 在 epsilon- 貪婪策略中，epsilon 的重要性為何？

4. 如何解決探索 - 利用困境？

5. 什麼是 UCB 演算法？

6. 湯普森取樣與 UCB 演算法有何不同？

延伸閱讀

請參考以下內容：

- **情境式吃角子老虎機用於深度個人化**：
  https://www.microsoft.com/en-us/research/blog/contextual-bandit-
  breakthrough-enables-deeper-personalization/

- **Netflix 如何運用情境式吃角子老虎機**：
  https://medium.com/netflix-techblog/artwork-personalization-
  c589f074ad76

- **使用 MAB 進行協同過濾**：
  https://arxiv.org/pdf/1708.03058.pdf

深度學習的基礎概念

本書到目前為止,我們已經學會**強化學習(RL)**是如何運作的了。在後續章節中,會接續介紹**深度強化學習(Deep reinforcement learning,DRL)**,這是深度學習與 RL 的結合。DRL 已在強化學習社群中造成了相當大的迴響,在解決許多 RL 任務上也有相當顯著的影響力。為了理解 DRL,我們得先對深度學習具備扎實的基礎才行。深度學習事實上是機器學習的一門分支,討論的全部都是神經網路。深度學習已經發展了十多年,但它現在會這麼紅是因為運算能力的提升以及超大量資料的普及性所致。有了這麼大量的資料之後,深度學習演算法就能比所有傳統的機器學習演算法表現得更好。因此你在本章中會學到數種深度學習演算法,例如**循環神經網路(Recurrent Neural Network,RNN)**、**長短期記憶(Long Short-Term Memory,LSTM)**與**卷積神經網路(Convolutional Neural Network,CNN)**的演算法與其應用。

本章學習重點如下:

- 類神經元
- **類神經網路(Artificial Nueral Network,ANN)**
- 建立神經網路來分類手寫數字
- RNN
- LSTM
- 使用 LSTM 來產生歌詞
- CNN
- 使用 CNN 來分類時尚產品

人工神經元

在認識 ANN 之前，我們得先知道什麼是神經元，以及神經元在我們腦中的實際運作方式。神經元可以說是人腦中的基礎運算單元。我們的大腦大概有一千億個神經元。每個神經元都是透過突觸彼此連結。神經元會從外部環境與感測器官來接受輸入，或透過稱為樹突的分岔結構來從其他神經元接受輸入，如下圖。這些輸入會被加強或減弱，也就是根據其重要性來調整權重，並在體細胞中被加總起來。接著在體細胞中，這些加總後的輸入會被處理並在軸突中移動，最後被送往其他神經元。下圖是一個生物性神經元：

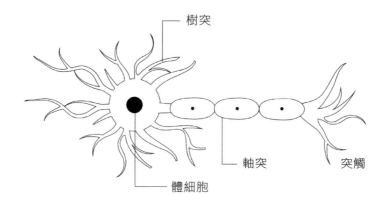

那麼，人工神經元是如何運作的呢？假設我們有三個輸入：x_1、x_2 與 x_3，用來預測輸出 y。這些輸入會與權重 w_1、w_2 與 w_3 相乘之後並加總起來，也就是 $x_1.w_1 + x_2.w_2 + x_3.w_3$。不過，為什麼輸入要乘以權重呢？因為在計算輸出 y 的過程中，並非所有輸入的重要性都相同。假設在計算輸出上，x_2 與其他兩個輸入相比來得更重要。接著，我們指定一個較高的數值給 w_2 而非其他兩個權重。因此，藉由權重與輸入相乘，x_2 的值就會比其他兩個輸入更高。所有的輸入與權重都相乘之後，將它們加總起來並再加入一個稱為偏差（bias）b 的數值。因此，$z = (x1.w1 + x2.w2 + x3.w3) + b$，如下所示：

$$z = \sum(input * weights) + bias$$

z 看起來很像線性迴歸方程式，對吧？不就是直線方程式 $z = mx + b$ 嗎？

其中 m 代表權重（相關係數）、x 為輸入，而 b 就是偏差（截距）。好吧，那神經元與線性迴歸到底哪裡不一樣？在神經元中加入稱為觸發函數或轉移函數 $f()$，好在結果中加入非線性特性。因此，輸出 $y = f(z)$。下圖是一個類神經元：

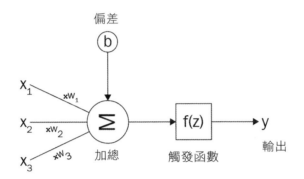

在神經元中，我們需要輸入 x，接著把輸入乘以權重 w，並把這個計算結果應用到觸發函數 $f(z)$ 之前加上偏差 b，最後預測輸出 y。

 ## 類神經網路

神經元真的很酷，對吧？但是只有一個神經元無法執行太複雜的任務，這就是為什麼人類大腦有幾十億個神經元，層層排列來形成一個超巨大的網路。同樣地，類神經元也是層狀排列。每一層都彼此連接，好讓資訊可以一層層傳遞下去。常見的 ANN 會包含以下各層：

- 輸入層

- 隱藏層

- 輸出層

每層都包含了數個神經元，一層中的神經元會與其他層的神經元來互動。
不過，同一層中的神經元不會彼此互動。下圖是一個常見的 ANN：

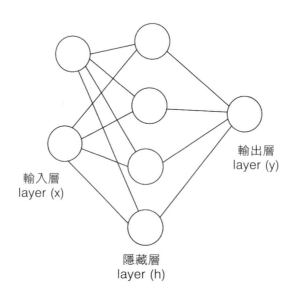

◉ 輸入層

輸入層是我們把輸入值送進網路的地方。輸入層的神經元數量就是送進網
路的輸入數量。每個輸入對於輸出預測上都有各自的影響，並需要乘上權
重再加上偏差值之後再送到下一層。

◉ 隱藏層

在輸入層與輸出層之間所有層都稱為隱藏層，它會處理從輸入層所收到的
輸入。隱藏層負責推導出輸入與輸出之間的複雜關係。也就是說，隱藏層
代表了資料集的樣式。隱藏層要多少層都可以，但需要根據碰到的問題來
選定隱藏層的數量。如果是相當簡單的問題，隱藏層也許只要一層就好，
但如果是影像辨識這樣的複雜任務，就需要相當多的隱藏層，每層各自負
責抽取重要的影像特徵，這樣才能輕易辨識影像。當某個網路具有多層隱
藏層時，就稱之為深度神經網路。

⊙ 輸出層

輸入處理完成之後,隱藏層會將其結果傳送給輸出層。如名所示,輸出層負責產生輸出結果。輸出層的神經元數量與我們希望網路解決的問題類型直接相關。如果是二元分類問題,那麼輸出層的神經元數量會說明該筆輸入所屬的類別。如果是多重類別的分類問題,例如五個類別,而我們想知道某筆輸出中各類別的機率的話,那麼輸出層的神經元數量當然就是五,每個會產生出一個機率值。如果是迴歸問題,那輸出層就只會有一個神經元。

⊙ 觸發函數

觸發函數是用來讓神經網路具有非線性的特質。透過將輸入乘以權重之後再加上偏差,藉此將觸發函數應用於該筆輸入,這就是前幾段介紹過的 $f(z)$,其中 $z = (輸入 * 權重) + 偏差$。以下說明不同類型的觸發函數:

- **S 形函數**:S 形函數是最常用的觸發函數之一,它會把數值調整在 0 到 1 之間。S 形函數可定義為 $f(z) = \dfrac{1}{1 + e^{-z}}$。應用本函數於 z 時,數值就會介於 0 到 1 之間。它也稱為對數函數,由於形狀就像一個 S,也因此得名,如下圖:

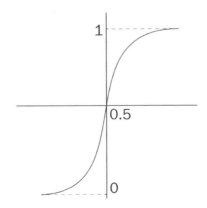

- **雙曲正切函數**：與 S 形函數不同，雙曲正切函數（hyperbolic tangent）會把數值限制在 -1 與 $+1$ 之間。本函數可定義為 $f(z) = \dfrac{e^{2z} - 1}{e^{2z} + 1}$。當應用本函數於 z 時，數值會被限制在 -1 到 $+1$ 之間。它也是 S 形但以原點為中心，如下圖：

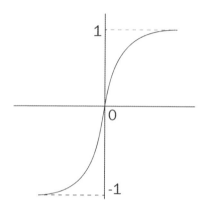

- **ReLU 函數**：ReLU 也稱為修正線性單元（rectified linear unit，線性整流函數）。它是另一個最常用的觸發函數之一。ReLU 函數可寫為 $f(z) = max(0, z)$，當 z 小於 0 時會讓 $f(z)$ 為 0，當 z 大於等於 0 時會讓 $f(z)$ 值正好等於 z：

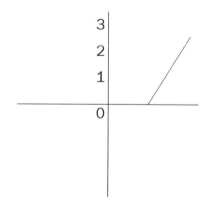

- **softmax 函數**：softmax 函數實際上就是正規化後的 S 形函數。它通常用在多類別分類任務網路中的最後一層。它會給出某筆輸出中各類別的機率，因此所有 softmax 的值的總和永遠為 *1*。softmax 函數可定義為 $\sigma(z)_i = \frac{e^{z_i}}{\sum_j e^{z_j}}$。

 ## 深入理解 ANN

在類神經元中，輸入會與權重相乘之後加上偏差，再應用某個觸發函數來產生輸出。現在要來看看以一層一層來排列的神經網路要如何做到這件事。網路中的層數就是隱藏層的數量加上輸出層的數量，輸入層的數量則不採計。假設有一個雙層的神經網路，有一個輸入層、一個隱藏層與一個輸出層，如下圖：

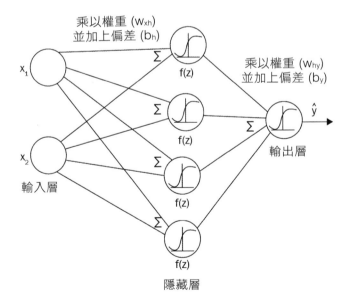

假設有兩個輸入 **x1** 與 **x2**，且需要預測輸出 **y**。由於有兩個輸入，因此輸入層的神經元數量就是 2。現在這些輸入分別乘以權重並加上偏差，並將結果值傳送到隱藏層來應用觸發函數。因此，首先要先初始化權重矩陣。在現實生活中，我們無法得知哪一個才是真正重要的輸入，當然無法調高它的權重來計算輸出，因此才要隨機設定權重與偏差值。我們可把介於輸入層與隱藏層之間的權重與偏差寫作 w_{xh} 與 b_h。但如何判斷權重矩陣的維度呢？權重矩陣的維度就是 [當下層的神經元數量 * 下一層的神經元數量]。為什麼是這樣算呢？因為這是個基本的矩陣乘法規則。要將任意兩個 AB 矩陣相乘的話，矩陣 A 的行數必須等於矩陣 B 的列數。因此，權重矩陣 w_{xh} 的維度即為 [輸入層的神經元數量 * 隱藏層的神經元數量]，也就是 2×4：

$$z_1 = xw_{xh} + b$$

也就是說，z_1 = (輸入 * 權重) + 偏差。現在，它會被送往隱藏層。隱藏層會對 z_1 去應用一個觸發函數，如以下的 S 型觸發函數：

$$a_1 = \sigma(z_1)$$

應用觸發函數之後，再次將結果 a_1 與介於隱藏層與輸出層之間新的權重矩陣相乘，最後加上新的偏差值。這個權重矩陣與偏差可分別寫做 w_{hy} 與 b_y。權重矩陣 w_{hy} 的維度即為 [隱藏層的神經元數量 * 輸出層的神經元數量]。由於本網路的隱藏層中有四個神經元，輸出層則有一個神經元，因此 w_{hy} 矩陣的維度為 4×1。因此，將 a_1 與權重矩陣 w_{hy} 相乘之後再加上偏差 b_y，再把結果傳往下一層，也就是輸出：

$$z_2 = a_1 w_{hy} + b_y$$

現在於輸出層中，我們對 z_2 應用 S 形函數來產生一個輸出值：

$$\hat{y} = \sigma(z_2)$$

由輸入層一路走到輸出層的完整流程就稱為向前傳播（forward propagation），如下所示：

```
def forwardProp():
        z1 = np.dot(x,wxh) + bh
        a1 = sigmoid(z1)
        z2 = np.dot(a1,why) + by
        yHat = sigmoid(z2)
```

向前傳播很酷，對吧？但要如何判斷神經網路的輸出是否正確呢？在此定義一個新函數，稱為成本函數 (J)，也稱為損失函數，能說明神經網路的成效好壞。成本函數的類型相當多，在此會採用均方誤差（mean squared error）做為成本函數，也就是實際值 (y) 與預測值兩者差平方的平均值 ($\hat{y}$)：

$$J = \frac{1}{2}(y - \hat{y})^2$$

我們的目標是藉由將成本函數最小化來讓神經網路的預測效果更好。但怎麼做才能讓成本函數最小化呢？只要在向前傳播的過程中修改某些數值就可以做到了。但到底是哪些數值呢？輸入與輸出顯然是無法修改的，現在只剩下權重與偏差值。我們會隨機初始化權重矩陣與偏差值，所以這一定不會是最完美的結果。現在要來調整這些權重矩陣（w_{xh} 與 w_{hy}），好讓神經網路的產出結果更好。不過，要如何調整這些權重矩陣呢？在此要介紹一種新技術，稱為梯度下降（gradient descent）。

◉ 梯度下降

向前傳播的結果會把我們帶往輸出層。所以現在要從網路的輸出層向後傳播回到輸入層，並計算成本函數梯度之於權重的梯度來將誤差降到最低，最後更新權重。聽起來不太好懂，對吧？在此來打個比方。想像你站在山頂，如下圖所示，然後你想要到達山坡的最低點。你需要朝著山下走一步，這會讓你抵達最低點（也就是從山坡一路下降到最低點）。不過，有很多地方可能看起來都像是山坡上的最低點,我們所要到達的必須是整體的最低點才行。
換言之,只要整體最低點存在,你就不應該被卡在其它低點:

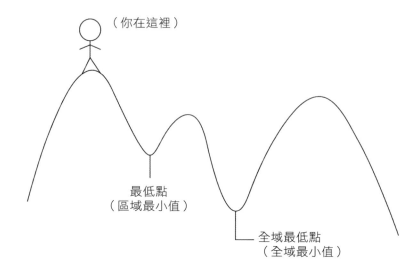

同樣地,成本函數也可用以下的成本-權重圖來呈現。我們的目標是將成
本函數最小化,也就是說必須到達最低點好讓成本為最低。黑點就是初始
權重(就是我們在山坡上的位置)。如果由這一點往下跑,就能抵達誤差最
小的那一點,這就是成本函數的最低點(山坡的最低點):

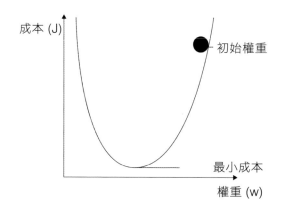

那麼如何讓這一點（初始權重）向下跑呢？如何下降到最低點呢？我們可以透過算出成本函數與該點的梯度來移動這個點。梯度就是導數，實際上就是切線斜率，如下圖所示。因此只要算出梯度就能下降並到達最低點：

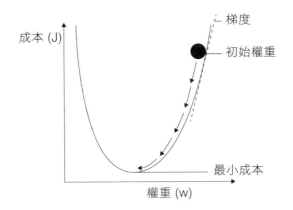

算出梯度之後，就會根據以下規則來更新舊的權重：

$$w = w - \alpha \frac{\partial J}{\partial w}$$

α 是什麼？它就是學習率。如果學習率很小，那往下的每一步就會很小，梯度下降也較慢。但如果學習率很大，那每一步就會變大使得梯度下降變快，但這時候可能無法到達全域最小值，而會被卡在區域最小值裡面。所以，學習率也需要慎選，如下圖所示：

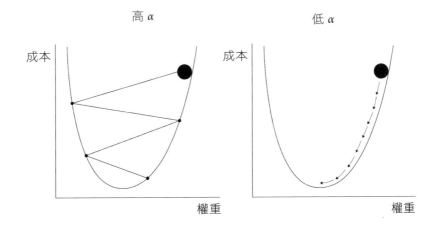

現在用數學的角度來看看，這裡有相當多有趣的數學，戴上你的微積分魔法帽並跟著以下步驟吧。有兩個權重，一個是 w_{xh}，這是隱藏層到輸入層之間的權重，另一個是 w_{hy}，則是隱藏層到輸出層之間的權重。我們會根據權重更新規則來更新這些權重。為此，首先要計算成本函數之於權重的導數。

由於現在的做法是反向傳播，也就是從輸出層反向走回輸入層，第一個權重會是 w_{hy}。所以，現在要計算 J 之於 w_{hy} 的導數。但要如何求導數呢？回想一下成本函數 $J = \frac{1}{2}(y - \hat{y})$，在此無法直接計算導數，因為 J 裡面沒有 w_{hy}。

回顧前向傳播的方程式吧，如下：

$$\hat{y} = \sigma(z_2)$$
$$z_2 = a_1 w_{hy} + b_y$$

首先要計算對 $\hat{y}$ 的偏微分，接著從 $\hat{y}$ 去算出對 z_2 的偏微分。最後再從 z_2 去算出 w_{hy} 的導數。這實際上就是連鎖律。

方程式就變成：

$$\frac{\partial J}{\partial w_{hy}} = \frac{\partial J}{\partial \hat{y}} \cdot \frac{\partial \hat{y}}{\partial z_2} \cdot \frac{dz_2}{dw_{hy}} \ \text{---- (1)}$$

分別計算：

$$\frac{\partial J}{\partial \hat{y}} = (y - \hat{y})$$

$$\frac{\partial J}{\partial z_2} = \sigma'$$

其中 σ' 是 S 型觸發函數的導數。已知 S 形函數為 $\sigma = \frac{1}{1 + e^{-z}}$，所以其導數就是 $\sigma' = \frac{e^{-z}}{(1 + e^{-z})^2}$。

$$\frac{dz_2}{dw_{hy}} = a_1$$

我們會把這些結果都代入式子 (1)。

現在要計算 J 之於下一個權重 w_{xh} 的導數。同樣地，在此無法直接由 J 算出 w_{xh} 的導數，因為 J 裡面沒有 w_{xh}。所以要再次使用連鎖律，再次回顧前向傳播的步驟：

$$\hat{y} = \sigma(z_2)$$
$$z_2 = a_1 w_{hy} + b_y$$
$$a_1 = \sigma(z_1)$$
$$z_1 = x w_{xh} + b$$

現在，權重 w_{xh} 的梯度計算會變成：

$$\frac{\partial J}{\partial w_{xh}} = \frac{\partial J}{\partial \hat{y}} \cdot \frac{\partial \hat{y}}{\partial z_2} \cdot \frac{\partial z_2}{\partial a_1} \cdot \frac{\partial a_1}{\partial z_1} \cdot \frac{dz_1}{dw_{xh}} \quad \text{--- (2)}$$

要計算的項目如下：

$$\frac{\partial J}{\partial \hat{y}} = (y - \hat{y})$$

$$\frac{\partial J}{\partial z_2} = \sigma'$$

$$\frac{\partial z_2}{\partial a_1} = w_{hy}$$

$$\frac{\partial a_1}{\partial z_1} = \sigma'$$

$$\frac{dz_1}{dw_{xh}} = x$$

一旦算出兩個權重的梯度之後，就能根據權重更新規則來更新之前的權重了。

現在來寫一些程式吧。請看到方程式 (1) 與 (2)，兩式中都有 $\frac{\partial J}{\partial \hat{y}}$ 與 $\frac{\partial J}{\partial z_2}$，因此不需要重複計算，我們將它定義為 delta3：

```
delta3 = np.multiply(-(y-yHat),sigmoidPrime(z2))
```

計算 w_{hy} 的梯度，如下：

```
dJ_dWhy = np.dot(a1.T,delta3)
```

計算 w_{xh} 的梯度：

```
delta2 = np.dot(delta3,Why.T)*sigmoidPrime(z1)
dJ_dWxh = np.dot(X.T,delta2)
```

根據權重更新規則來更新權重：

```
Wxh += -alpha * dJ_dWhy
Why += -alpha * dJ_dWxh
```

這段反向傳播的完整程式碼如下：

```
def backProp():

    delta3 = np.multiply(-(y-yHat),sigmoidPrime(z2))
    dJdW2 = np.dot(a1.T, delta3)
    delta2 = np.dot(delta3,Why.T)*sigmoidPrime(z1)
    dJdW1 = np.dot(X.T, delta2)
    Wxh += -alpha * dJdW1
    Why += -alpha * dJdW2
```

在進入下一段之前，先來認識一些神經網路領域中常用的名詞：

- **向前傳送（Forward pass）**：向前傳送代表輸入層到輸出層的前向傳送過程。

- **向後傳送（Backward pass）**：向後傳送代表輸出層到輸入層的反向傳送過程。

- **回合（Epoch）**：回合是指神經網路完整看過一遍訓練資料的次數。因此，回合也可視為針對所有訓練樣本的一次向前傳送與一次向後傳送。

- **批量大小（Batch size）**：批量大小是指用於一次向前傳送與一次向後傳送的訓練樣本數量。

- **迭代數量（No. of iterations）**：迭代數量是指傳送的次數，意即：

  一次傳送 = 一次向前傳送 + 一次向後傳送

假設有 12,000 個訓練樣本，批量大小為 6,000。這樣會需要兩次迭代來完成一個回合。換言之，在第一次迭代中送出了第一批 6,000 個樣本，執行一次向前傳送與一次向後傳送；在第二次迭代中則送出了另一批 6,000 樣本，並再次執行一次向前傳送與一次向後傳送。兩次迭代之後，神經網路就會看過完整的 12,000 個訓練樣本，完成一個回合。

 # TensorFlow 中的神經網路

本段要看看如何使用 TensorFlow 來建立一個可預測手寫數字的基礎神經網路。在此會使用熱門的 MNIST 資料集，它是一個相當完整的已標註類別之手寫數字圖片，可直接用於訓練。

首先，匯入 TensorFlow 並由 `tensorflow.examples.tutorial.mnist` 載入資料集：

```
import tensorflow as tf
from tensorflow.examples.tutorials.mnist import input_data
mnist = input_data.read_data_sets("/tmp/data/", one_hot=True)
```

來看看資料中有什麼：

```
print("No of images in training set {}".format(mnist.train.images.shape))
print("No of labels in training set {}".format(mnist.train.labels.shape))

print("No of images in test set {}".format(mnist.test.images.shape))
print("No of labels in test set {}".format(mnist.test.labels.shape))
```

會顯示以下訊息：

```
No of images in training set (55000, 784)
No of labels in training set (55000, 10)
No of images in test set (10000, 784)
No of labels in test set (10000, 10)
```

訓練資料集中共有 55000 張圖片，每個圖片的大小為 784。共有 10 個標籤，0 到 9。同樣地，測試資料集中有 10000 張圖片。現在畫出一張輸入圖片來看看它到底長什麼樣子：

```
img1 = mnist.train.images[41].reshape(28,28)
plt.imshow(img1, cmap='Greys')
```

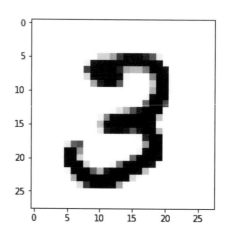

我們會建置一個兩層的神經網路，一層輸入層、一層隱藏層以及用來預測手寫數字結果的輸出層。

首先來定義輸入與輸出的佔位符。由於輸入資料的大小為 784，輸入佔位符可這樣定義：

```
x = tf.placeholder(tf.float32, [None, 784])
```

None 是什麼意思？ None 是指傳送的樣本數量（批量大小），這會在執行過程中動態決定。

由於共有十個輸出類別，其佔位符定義如下：

```
y = tf.placeholder(tf.float32, [None, 10]
```

接著定義超參數：

```
learning_rate = 0.1
epochs = 10
batch_size = 100
```

把輸入層與隱藏層之間的權重與偏差分別定義為 w_xh 與 b_h。我們藉由對標準差為 0.03 的平均分配隨機取樣來初始化權重矩陣：

```
w_xh = tf.Variable(tf.random_normal([784, 300], stddev=0.03), name='w_xh')
b_h = tf.Variable(tf.random_normal([300]), name='b_h')
```

接著定義隱藏與輸出層之間的權重與偏差，分別定義為 w_hy 與 b_y：

```
w_hy = tf.Variable(tf.random_normal([300, 10], stddev=0.03), name='w_hy')
b_y = tf.Variable(tf.random_normal([10]), name='b_y')
```

現在要執行向前傳播了，回顧一下向前傳播所需的步驟吧：

```
z1 = tf.add(tf.matmul(x, w_xh), b_h)
a1 = tf.nn.relu(z1)
z2 = tf.add(tf.matmul(a1, w_hy), b_y)
yhat = tf.nn.softmax(z2)
```

在此將成本函數定義為交差熵損失。交差熵損失也稱為對數損失，定義如下：

$$-\sum_{i} y_i log(\hat{y}_i)$$

其中 y_i 為實際值，$\hat{y}_i$ 為預測值：

```
cross_entropy = tf.reduce_mean(-tf.reduce_sum(y * tf.log(yhat),
reduction_indices=[1]))
```

我們的目標是成本函數最小化，這可藉由對網路反向傳播與執行梯度下降來達成。透過 TensorFlow，我們就不必親自計算梯度；只要使用 TensorFlow 內建的梯度下降最佳器函數就好了，如下所示：

```
optimiser =
tf.train.GradientDescentOptimizer(learning_rate=learning _rate).minimize(cro ss_
entropy)
```

計算精確度來驗證模型，如下：

```
correct_prediction = tf.equal(tf.argmax(y, 1), tf.argmax(yhat, 1))
accuracy = tf.reduce_mean(tf.cast(correct_prediction, tf.float32))
```

你已經知道，TensorFlow 是透過運算圖來執行的，到目前為止不管我們寫了什麼都需要先啟動 TensorFlow 階段才能執行。開始做吧。

首先初始化 TensorFlow 變數：

```
init_op = tf.global_variables_initializer()
```

啟動 TensorFlow 階段並開始訓練模型：

```
with tf.Session() as sess:
   sess.run(init_op)
   total_batch = int(len(mnist.train.labels) / batch_size)
   for epoch in range(epochs):
```

```
        avg_cost = 0
        for i in range(total_batch):
            batch_x, batch_y = mnist.train.next_batch(batch_size=batch_size)
            _, c = sess.run([optimiser, cross_entropy],
                        feed_dict={x: batch_x, y: batch_y})
            avg_cost += c / total_batch
        print("Epoch:", (epoch + 1), "cost =""{:.3f}".format(avg_cost))
    print(sess.run(accuracy, feed_dict={x: mnist.test.images, y:
mnist.test.labels}))
```

RNN

The birds are flying in the ＿＿＿。如果我請你猜猜空白處要填什麼，你應該會猜 “*sky*”。但你是如何預測 “*sky*” 可能是個好答案的呢？因為你讀完了整個句子，並根據對於上下文的理解來預測出 “*sky*” 應該是正確的詞。如果要一般的神經網路來預測這個空白處該填什麼，它應該就猜不出來了。這是因為一般的神經網路輸出僅僅根據當下的輸入而定。因此，神經網路的輸入就只有前一個字 “*the*”。換言之，在一般神經網路中的各輸入都是彼此獨立的。這也就是為什麼當我們需要記住一連串輸入來預測下一個項目時，它的表現會不好的原因。

那麼，要如何讓網路能記住整個句子來正確預測下一個字呢？在此隆重介紹循環神經網路（Recurrent Neural Network，RNN），它不僅能根據當下輸入，還結合了先前的隱藏狀態來預測輸出。你可能會好奇為什麼 RNN 需要當下輸入與先前的隱藏狀態才能預測輸出，而沒辦法運用當下輸入與先前輸入就好呢？這是因為先前輸入擁有前一個字的資訊，而前一個隱藏狀態則具有整個句子的資訊，也就是說，先前的隱藏狀態儲存了上下文（context）。因此，RNN 對於運用當下輸入與先前隱藏狀態來預測輸出時相當好用，而非僅用到當下輸入與前一項輸入而已。

RNN 是一款特殊的神經網路，廣泛用於處理序列型資料，也就是排好隊的資料。簡而言之，RNN 具備記憶來儲存先前的資訊。RNN 廣泛用於各種**自然語言處理（Natural Language Processing，NLP）** 任務，例如機器翻譯與情緒分析等等。它也被用於像是股票市場等這類時間序列性資料。還是不清楚 RNN 在做什麼嗎？請看下圖，是一般神經網路與 RNN 的比較：

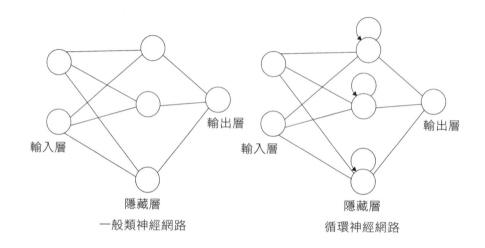

在上圖中，有看出來 RNN 與一般常見的神經網路有哪邊不同嗎？沒錯，差別在於隱藏狀態中有個迴圈，這說明了如何運用先前隱藏狀態來計算輸出。

還是搞不懂？請看以下展開後的 RNN：

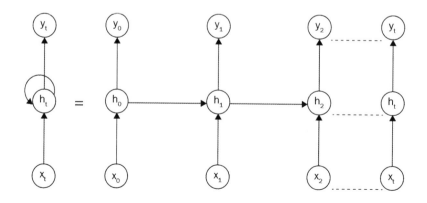

如你所見，輸出 y_1 是根據當下輸入 x_1、當下隱藏狀態 h_1 與前一個隱藏狀態 h_0 的預測結果。同樣地，來看看輸出 y_2 是怎麼算出來的，用到了當下輸入 x_2、當下隱藏狀態 h_2 以及前一個隱藏狀態 h_1。這就是 RNN 的運作原理：運用當下輸入與先前的隱藏狀態來預測輸出。由於這些隱藏狀態保有了到目前為止的資訊，因此也可稱為記憶（memory）。

這裡要用到一點數學：

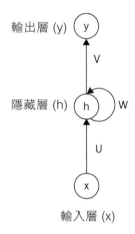

在上圖中：

- **U** 是輸入層與隱藏層之間的狀態權重矩陣

- **W** 是隱藏層與隱藏層之間的狀態權重矩陣

- **V** 是隱藏層與輸出層之間的狀態權重矩陣

因此在向前傳送中要計算：

$$h_t = \phi(Ux_t + Wh_{t-1})$$

也就是說，時間點 t 的隱藏狀態 = $tanh$（[輸入層對隱藏層的權重矩陣 * 輸入]＋[隱藏層對隱藏層的權重矩陣 * 前一個時間點 $t-1$ 的隱藏狀態]）：

$$\hat{y}_t = \sigma(vh_t)$$

繼續推導，時間點 t 的輸出 = $Sigmoid$（隱藏層對輸出層的權重矩陣 * 時間點 t 的隱藏狀態）。

我們的損失函數可定義為交差熵損失，如下：

$$Loss = -y_t \, log \, \hat{y}_t$$

$$Total \, loss = -\sum_t y_t \, log \, \hat{y}_t$$

上述範例中，y_t 是時間點 t 的實際字詞，$\hat{y}t$ 則是時間點 t 的預測字詞。由於我們將整個句子作為訓練樣本，整體損失就等於各時間步驟的損失總和。

◉ 隨著時間進行反向傳播

現在要如何訓練 RNN 呢？如同訓練一般的神經網路，我們可透過反向傳播來訓練 RNN。但由於 RNN 在所有時間步驟中都是彼此相依的，因此各輸出的梯度不單單相依於當下的時間步驟，還會相依於先前的時間步驟。這可稱為**基於時間的反向傳播（backpropagation through time，BPTT）**，這基本上就是反向傳播，只是應用在 RNN 上而已。要了解它如何在 RNN 中運作的話，請看以下展開的 RNN：

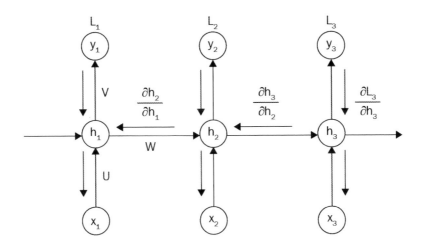

在上圖中，L_1、L_2 與 L_3 是各時間步驟的損失。現在要計算各時間步驟中，各個權重矩陣 **U**、**V** 與 **W** 損失的梯度。如同之前加總各時間步驟的損失來求出總損失的做法，在此是用各時間步驟的梯度總和來更新權重矩陣：

$$\frac{\partial L}{\partial V} = \sum_t \frac{\partial L_t}{\partial V}$$

不過這個方法有個問題。計算梯度會需要計算對應觸發函數的梯度。在計算 sigmoid/tanh 函數的梯度時，梯度會變得非常小。然後再進一步對網路反向傳播多個時間步驟再乘以梯度之後，梯度會變得愈來愈小。這稱為梯度消失（vanishing gradient）問題。那這個問題會有怎樣的影響呢？由於梯度會隨著時間消失，我們就無法學習關於長期相依性的資訊，換言之，RNN 無法在記憶體中長期保留資訊。

梯度消失問題不只發生於 RNN，把 sigmoid/tanh 函數應用在具有許多隱藏層的網路時也會遇到。另外還有梯度爆炸的問題，假設其中梯度值大於 1，這樣當這些梯度彼此相乘時，數字就會變得非常大。

一個解決方法就是使用 ReLU 做為觸發函數。不過，在此改用 LSTM，它是 RNN 的一款分支，可以有效解決梯度消失問題。下一段就來看看它是如何運作的。

 ## 長短期記憶 RNN

RNN 真的很酷，對吧？不過上一段才討論過 RNN 的梯度消失問題，在此再多聊一點好了。"The sky is ___" 這句話中，RNN 很容易就能根據它已經看到的資訊預測出最後一個字是 "藍色"。不過，RNN 無法處理長時間的相依性，這又是什麼意思呢？換另一句話，"Archie lived in China for 20 years. He loves listening to good music. He is a very big comic fan. He is fluent in _."。現在，你應該會猜空白處要填 "Chinese" 吧。你是如何預測的呢？因為你已經理解 Archie 在中國住了 20 年，你覺得他的中文應該很流利才對。不過，因為 RNN 無法在記憶體中保留所有這些資訊來得出 "Archie is fluent in Chinese" 這個結果。根據梯度消失問題，它無法在記憶中長時間收集 / 記住資訊。那麼要怎麼解決這個問題呢？

長短期記憶（Long Short-Term Memory，LSTM）在此登場救援啦！

LSTM 是 RNN 的一款分支，可以解決梯度消失問題。LSTM 可以根據需求來長時間保留資訊在其記憶中。簡單來說，RNN 細胞在此換成了 LSTM。但 LSTM 是怎麼做到的？

下圖是一個典型的 LSTM 細胞（cell）：

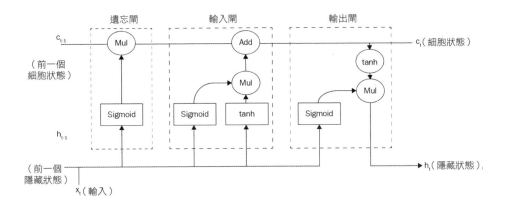

LSTM 細胞也稱為記憶，因為它們負責儲存資訊。但這些資訊要在記憶中保留多久呢？何時應該刪除舊資訊並用新資訊來更新細胞呢？所有這樣的決策都是由以下三個特殊的閘所決定：

- 遺忘閘（Forget）

- 輸入閘（Input gate）

- 輸出閘（Ouput gate）

請看 LSTM 細胞，最上面的水平線 C_t 稱為細胞狀態。這就是資訊流動的地方。在細胞狀態上的資訊會經常透過 LSTM 閘來更新。現在來看看這些閘的功能：

- **遺忘閘**：遺忘閘負責決定哪一項資訊不要再保留在細胞狀態中。請看以下範例：

  "*Harry is a good singer. He lives in New York. Zayn is also a good singer.*"

  只要開始講到 Zayn，網路就會知道主題已經從 Harry 轉移到 Zayn，關於 Harry 的資訊就不再需要了。現在，遺忘閘就會從細胞狀態中把 Harry 的資訊移除（遺忘）。

- **輸入閘**：輸入閘負責決定哪一項資訊要保留在記憶中。以同一個範例為例：

  "Harry is a good singer. He lives in New York. Zayn is also a good singer."

  在遺忘閘從細胞狀態移除資訊之後，輸入閘會接著決定哪些資訊要保留在記憶中。在此關於 Harry 的資訊已經被遺忘閘從細胞狀態中移除了，輸入閘會決定用 Zayn 的資訊來更新細胞狀態。

- **輸出閘**：輸出閘負責決定細胞狀態在時間點 t 中所要顯示的資訊。請看以下句子：

  "Zayn's debut album was a huge success. Congrats____."

  在此，*congrats* 是一個用來描述名詞的形容詞。輸出層會預測 *Zayn*（名詞）來填入空格。

◉ 使用 LSTM RNN 來產生歌詞

現在來看看如何運用 LSTM 網路來產生 Zayn Malik 的歌詞。請由此下載資料集：https://github.com/sudharsan13296/Hands-On-Reinforcement-Learning-With-Python/blob/master/07.%20Deep%20Learning%20Fundamentals/data/ZaynLyrics.txt（短網址：https://bit.ly/2HepdUw），其中就有許多 Zayn 的歌詞。

首先，匯入要用到的函式庫：

```
import tensorflow as tf
import numpy as np
```

讀取包含歌詞的檔案：

```
with open("Zayn_Lyrics.txt","r") as f:
    data=f.read()
    data=data.replace('\n','')
    data = data.lower()
```

來看看資料裡面有什麼：

```
data[:50]
"now i'm on the edge can't find my way it's inside "
```

把所有字元存在 all_chars 變數中：

```
all_chars=list(set(data))
```

將不重複字元的數量存在 unique_chars 變數中：

```
unique_chars = len(all_chars)
```

把字元數量存在 total_chars 變數中：

```
total_chars =len(data)
```

現在要將各個字元對應到其索引。char_to_ix 會把字元對應到索引，ix_to_char 則會把索引對應到字元：

```
char_to_ix = { ch:i for i,ch in enumerate(all_chars) }
ix_to_char = { i:ch for i,ch in enumerate(all_chars) }
```

例如：

```
char_to_ix['e']
9

ix_to_char[9]
e
```

接著定義 generate_batch 函數來產生輸入與目標值。目標值是輸入值平移 i 次的結果。

例如：如果 input = [12,13,24] 而平移值為 1，目標值就是 [13,24]：

```
def generate_batch(seq_length,i):
    inputs = [char_to_ix[ch] for ch in data[i:i+seq_length]]
    targets = [char_to_ix[ch] for ch in data[i+1:i+seq_length+1]]
    inputs=np.array(inputs).reshape(seq_length,1)
    targets=np.array(targets).reshape(seq_length,1)
    return inputs,targets
```

定義序列資料長度、學習率與節點數量，也就是神經元的數量：

```
seq_length = 25
learning_rate = 0.1
num_nodes = 300
```

接下來，建置 LSTM RNN。TensorFlow 可透過 BasicLSTMCell() 函數來建置 LSTM 細胞，我們只要指定 LSTM 中的單元數量與想要用的觸發函數類型即可。

因此，我們建立一個 LSTM 細胞，再用 tf.nn.dynamic_rnn() 函數來建立具有該細胞的 RNN，這會回傳輸出值與狀態值：

```
def build_rnn(x):
        cell= tf.contrib.rnn.BasicLSTMCell(num_units=num_nodes,
activation=tf.nn.relu)
        outputs, states = tf.nn.dynamic_rnn(cell, x, dtype=tf.float32)
        return outputs,states
```

對輸入 X 與目標 Y 建立佔位符：

```
X=tf.placeholder(tf.float32,[None,1])
Y=tf.placeholder(tf.float32,[None,1])
```

將 X 與 Y 轉為整數：

```
X=tf.cast(X,tf.int32)
Y=tf.cast(Y,tf.int32)
```

建立 X 與 Y 的 onehot 編碼，如下：

```
X_onehot=tf.one_hot(X,unique_chars)
Y_onehot=tf.one_hot(Y,unique_chars)
```

呼叫 build_rnn 函數來取得 RNN 的輸出與狀態：

```
outputs,states=build_rnn(X_onehot)
```

轉置輸出：

```
outputs=tf.transpose(outputs,perm=[1,0,2])
```

初始化權重與偏差：

```
W=tf.Variable(tf.random_normal((num_nodes,unique_chars),stddev=0.001))
B=tf.Variable(tf.zeros((1,unique_chars)))
```

將輸出乘以權重再加上偏差來計算輸出值：

```
Ys=tf.matmul(outputs[0],W)+B
```

執行 softmax 觸發並取得機率：

```
prediction = tf.nn.softmax(Ys)
```

計算交叉熵損失 cross_entropy：

```
cross_entropy=tf.reduce_mean(tf.nn.softmax_cross_entropy_with_logits(labels
=Y_onehot,logits=Ys))
```

由於目標是損失最小化，所以我們要把網路反向傳播並執行梯度下降：

```
optimiser =
tf.train.GradientDescentOptimizer(learning_rate = learning_rate).minimize(cro
ss_entropy)
```

定義 predict 函數，會根據這個 RNN 模型來產生下一個預測字元的索引：

```python
def predict(seed,i):
    x=np.zeros((1,1))
    x[0][0]= seed
    indices=[]
    for t in range(i):
        p=sess.run(prediction,{X:x})
        index = np.random.choice(range(unique_chars), p=p.ravel())
        x[0][0]=index
        indices.append(index)
    return indices
```

設定 batch_size、批數與世代數量，以及用於產生小批量的 shift 平移值：

```python
batch_size=100
total_batch=int(total_chars//batch_size)
epochs=1000
shift=0
```

最後，啟動 TensorFlow 階段並建置模型：

```python
init=tf.global_variables_initializer()

with tf.Session() as sess:
    sess.run(init)
    for epoch in range(epoch):
        print("Epoch {}:".format(epoch))
        if shift + batch_size+1 >= len(data):
            shift =0
        ## 透過 generate_batch 取得各批的輸入與目標
        # 透過平移值來平移輸入並產生目標的函數
        for i in range(total_batch):
            inputs,targets=generate_batch(batch_size,shift)
            shift += batch_size
            # 計算損失
            if(i%100==0):
                loss=sess.run(cross_entropy,feed_dict={X:inputs, Y:targets})
                # 藉由預測函數取得下一個預測字元的索引
                index =predict(inputs[0],200)
                # 將索引傳給 ix_to_char 字典並取得該字元
                txt = ''.join(ix_to_char[ix] for ix in index)
                print('Iteration %i: '%(i))
                print ('\n %s \n' % (txt, ))
            sess.run(optimiser,feed_dict={X:inputs,Y:targets})
```

在前幾個世代中還會看到一些隨機字元，但隨著訓練步驟增加，結果也愈來愈好：

```
Epoch 0:
Iteration 0:

 wsadrpud,kpswkypeqawnlfyweudkgt,khdi nmgof' u vnvlmbis .
snsblp,podwjqehb,e;g-
'fyqjsyeg,byjgyotsrdf;;u,h.a;ik'sfc;dvtauofd.,q.;npsw'wjy-quw'quspfqw-
.
.
.
Epoch 113:
Iteration 0:
i wanna see you, yes, and she said yes!
```

卷積神經網路

CNN，也稱為 ConvNet，是一種廣泛用於電腦視覺的特殊型神經網路。舉凡讓自動駕駛車具備視覺能力，或是讓你的 Facebook 照片自動標記朋友，這都屬於 CNN 的應用範圍。CNN 運用了空間資訊來辨識影像，但它們到底是如何運作的呢？神經網路又是如何辨識這些影像？一步步介紹吧。

CNN 一般來說包含了以下三個主要層：

- 卷積層（Convolutional layer）

- 池化層（Pooling layer）

- 全連接層（Fully connected layer）

◉ 卷積層

輸入影像時，它實際上被轉換成一個像素值的矩陣。這些像素值介於 0 到 255 之間，且矩陣維度為 [影像高度 * 影像寬度 * 通道數量]。如果輸入

影像的大小為 64×64 像素,那麼這個像素矩陣的維度就是 64×64×3,3
就是通道數量。灰階影像的通道數量為 1,彩色影像則為 3。請看下圖。當
這張影像作為輸入時,它會被轉換為一個像素值的矩陣,後續就會介紹到
它。為了讓你更易理解,我們採用灰階影像,因為灰階影像的通道數量為
1,所以只會產生一個 2D 矩陣。

輸入影像如下:

現在來看看這個矩陣:

13	8	18	63	7
5	3	1	2	33
1	9	0	7	16
3	16	5	8	18
5	7	81	36	9

好的，這就是這張影像以矩陣來呈現的方式。接下來呢？網路要如何從這些像素值來辨識出影像？現在要介紹的操作方式叫做卷積（convolution），它是用來擷取影像中的重要特徵，我們就能理解這張影像中到底有什麼東西。假設有張狗的圖；你覺得影像中要有哪些特徵才能幫助我們理解這是一張關於狗的影像呢？我們可能會說肢體結構、面部、腿部、尾巴等等。卷積操作可幫助網路學會這些能夠辨識出狗的特徵。現在就來看看卷積操作究竟是如何取得影像特徵的。

我們已知所有影像都可用矩陣來呈現。假設已知狗狗圖的像素矩陣，我們將這個矩陣稱為輸入矩陣，另外還需要一個叫做過濾器（filter）的 $n \times n$ 矩陣，兩個矩陣如下圖：

13	8	18	63	7
5	3	1	2	33
1	9	0	7	16
3	16	5	8	18
5	7	81	36	9

0	1	0
1	1	0
0	0	1

過濾器矩陣

輸入矩陣

現在，這個過濾器會以一個像素為單位來滑過我們的輸入矩陣，並執行對應元素乘法來產生一個純量。昏頭了嗎？請看下圖：

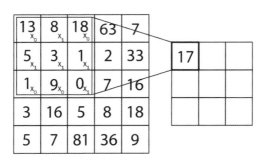

計算方式為:

*(13*0) + (8*1) + (18*0) + (5*1) + (3*1) + (1*1) + (1*0) + (9*0) + (0*1) = 17*

同樣,再次讓過濾器矩陣在輸入矩陣上以一個像素為單位來移動,並執行對應元素乘法:

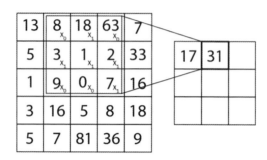

也就是:

*(8*0) + (18*1) + (63*0) + (3*1) + (1*1) + (2*1) + (9*0) + (0*0) + (7*1) = 31*

過濾器矩陣會把整個輸入矩陣滑過一遍來執行對應元素乘法,並執行一個新矩陣,稱為特徵圖(feature map)或觸發圖(activation map)。這樣的操作就稱為卷積(convolution),如下圖:

以下畫面是原始影像與卷積後的影像：

原始影像

卷積後影像

你可以看到過濾器已經偵測到影像中的邊緣，並產生了一個卷積後的影像。同理，要擷取影像中的不同特徵自然需要不同的過濾器。

使用過濾器矩陣，例如銳化過濾器 $\begin{bmatrix} 0 & -1 & 0 \\ -1 & 5 & -1 \\ 0 & -1 & 0 \end{bmatrix}$，卷積後的影像如下：

因此，過濾器會執行卷積操作從實際影像中擷取各種特徵。為了擷取不同的影像特徵，可能會用到不只一個過濾器來產生特徵圖。特徵圖的深度就是使用的過濾器數量。如果我們用了 5 個過濾器來擷取特徵並產生了 5 個特徵圖，則這個特徵圖的深度就為 **5**，如下所示：

深度為 5 的特徵圖

當過濾器數量增加時，網路就會因為抽取了很多特徵而更能理解影像。而在建置 CNN 時，不需要指定這個過濾器矩陣的值，它會在訓練過程中學會最佳的數值。總之，我們需要指定過濾器的數量以及所要使用過濾器的維度。

過濾器可用一個像素為單位來滑過輸入矩陣並執行卷積操作。但這個像素數量不只是以 1 為單位而已；想用多少像素為單位來滑過輸入矩陣都可以。用過濾器矩陣來滑過輸入矩陣的像素數量，就稱為步長（stride）。

當滑動視窗（過濾器矩陣）抵達影像邊緣時，會發生什麼事呢？這時候會對輸入矩陣填入 0，好讓過濾器能切合影像邊緣。對影像填入 0，這項操作稱為相同填入（same padding）、寬卷積或零填入（zero padding），示意如下：

13	8	18	63_{x_0}	7_{x_1}	0_{x_0}
5	3	1	2_{x_1}	33_{x_1}	0_{x_1}
1	9	0	7_{x_0}	16_{x_0}	0_{x_1}
3	16	5	8	18	
5	7	81	36	9	

除了填入 0 之外，也可以直接忽略該區域。這稱為有效填入（valid padding）或窄卷積，如下所示：

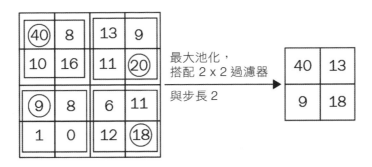

卷積操作完成之後，我們應用 ReLU 觸發函數來引入非線性觸發。

◉ 池化層

卷積層之後則是池化（pooling）層。池化層可以降低特徵圖的維度，只保留必要的細節來減少運算量。例如要辨識影像中是否有狗，我們不必知道狗在影像中的確實位置，只需要知道圖中是否有狗的特徵即可。因此，池化層藉由只保留重要特徵來降低空間維度。池化操作有相當多種。最大池化（max pooling）是最常用的一種池化操作，取特徵圖中各區塊的最大值即可。

最大池化搭配 2×2 過濾器，且設定步長為 2，如下圖：

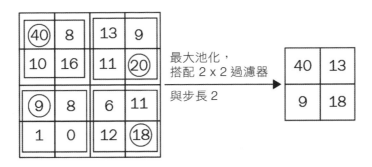

在平均池化（average pooling）中，則是取特徵圖中各區塊的元素平均值。另一方面在總和池化（sum pooling）中，則取區塊中的特徵圖元素值加總。

 池化操作會影響特徵圖的寬高，而不影響其深度。

◉ 全連接層

現在有了多層卷積層再搭配池化層了。不過，這些層只會從輸入影像擷取特徵並產生觸發圖。只透過觸發圖的話，又該如何判斷影像中有沒有狗呢？在此要介紹新的一層：全連接層。它能接收觸發圖作為輸入（以現在的狀況來說，就是影像特徵）並應用於觸發函數，最後產生輸出。全連接層實際上就是一般的神經網路，其中有輸入層、隱藏層與輸出層，只是在此改用卷積層與池化層來取代輸入層，兩者共同產生的觸發圖就是全連接層的輸入。

◉ CNN 的架構

現在來看看這些層在 CNN 網路架構中是如何管理的，如下：

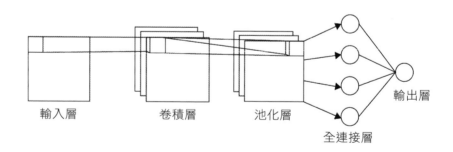

影像會先被送入卷積層，在此執行卷積操作來抽取特徵，接著將特徵圖送往池化層，這時維度已經降低了。根據實際需求可以加入任意數量的卷積層與池化層。之後，再於末端加入一個只有一層隱藏層的神經網路，這就是全連接層，藉此來分類影像。

使用 CNN 來分類時尚產品　▪▪▪

現在來看看如何將 CNN 用於分類時尚產品。

一如往常，先匯入要用的函式庫：

```python
import tensorflow as tf
import numpy as np
import matplotlib.pyplot as plt
%matplotlib inline
```

現在要讀取資料。在此的資料集是來自 tensorflow.examples，所以直接用以下語法就可以取得資料：

```python
from tensorflow.examples.tutorials.mnist import input_data
fashion_mnist = input_data.read_data_sets('data/fashion/', one_hot=True)
```

來看看資料裡面有什麼：

```python
print("No of images in training set
{}".format(fashion_mnist.train.images.shape))
print("No of labels in training set
{}".format(fashion_mnist.train.labels.shape))

print("No of images in test set
{}".format(fashion_mnist.test.images.shape))
print("No of labels in test set
{}".format(fashion_mnist.test.labels.shape))

No of images in training set (55000, 784)
No of labels in training set (55000, 10)
No of images in test set (10000, 784)
No of labels in test set (10000, 10)
```

好了，現在在訓練資料集中有 55000 筆資料點，測試資料集中則有 10000 筆資料點。另外還有 10 個標籤，代表我們有 10 種分類。

產品共有 10 種分類,所有產品都需要被標記起來:

```
labels = {
0: 'T-shirt/top',
1: 'Trouser',
2: 'Pullover',
3: 'Dress',
4: 'Coat',
5: 'Sandal',
6: 'Shirt',
7: 'Sneaker',
8: 'Bag',
9: 'Ankle boot'
}
```

來看幾張影像吧:

```
img1 = fashion_mnist.train.images[41].reshape(28,28)
# 由 one-hot 編碼資料取得對應的整數標籤
label1 = np.where(fashion_mnist.train.labels[41] == 1)[0][0]
# 繪製樣本
print("y = {} ({})".format(label1, labels[label1]))
plt.imshow(img1, cmap='Greys')
```

輸出結果與影像如下:

```
y = 6 (Shirt)
```

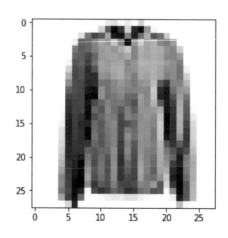

很不錯的襯衫，對吧？再看另一張圖：

```
img1 = fashion_mnist.train.images[19].reshape(28,28)
# 由 one-hot 編碼資料取得對應的整數標籤
label1 = np.where(fashion_mnist.train.labels[19] == 1)[0][0]
# 繪製樣本
print("y = {} ({})".format(label1, labels[label1]))
plt.imshow(img1, cmap='Greys')
```

輸出結果與影像如下：

```
y = 8 (Bag)
```

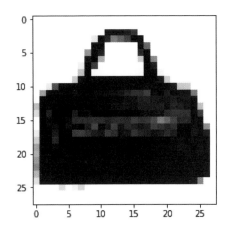

很不錯的包包呢！

現在我們得建置一個能夠把所有影像正確分類到對應類別的卷積神經網路。在此要定義輸入影像與輸出標籤的佔位符。由於輸入影像大小為 784，因此輸入 x 的佔位符可以這樣定義：

```
x = tf.placeholder(tf.float32, [None, 784])
```

輸入的格式需要調整為 [p,q,r,s]，其中 q 與 r 為輸入影像的實際大小，也就是 28×28，而 s 代表通道數量。由於在此使用灰階影像，s 的值為 1。

p 代表訓練樣本的數量，也就是批量大小（batch size）。由於批量大小未知，因此可把它設為 **-1**，且在訓練過程中可動態修改其值：

```
x_shaped = tf.reshape(x, [-1, 28, 28, 1])
```

由於共有 **10** 種不同的標籤，輸入佔位符可定義如下：

```
y = tf.placeholder(tf.float32, [None, 10])
```

現在需要定義 conv2d 函數來實際執行卷積操作，也就是輸入矩陣 (x) 與過濾器 (w) 兩者的元素乘法，設定步長為 1 並採用 SAME padding。

在此設定 strides = [1, 1, 1, 1]。strides 的第一與最後一個值設為 1 代表不會在訓練樣本與不同通道之間移動。第二與第三個值也設為 1，代表過濾器在高度與寬度方向的移動單位都是 1 像素：

```
def conv2d(x, w):
    return tf.nn.conv2d(x, w, strides=[1, 1, 1, 1], padding='SAME')
```

定義 maxpool2d 函數來執行池化操作，在此把步長設定為 2，並採用 SAME padding。ksize 則是代表池化視窗的形狀：

```
def maxpool2d(x):
    return tf.nn.max_pool(x, ksize=[1, 2, 2, 1], strides=[1, 2, 2, 1],
padding='SAME')
```

接著要定義權重與偏差值。現在所需的卷積網路會有兩個卷積層，隨後接著一個全連接詞層，最後才是輸出層。因此我們需要定義這些層的所有權重，而這些權重實際上就是卷積層裡的過濾器。

所以權重矩陣就會被初始化為：[filter_shape[0],filter_shape[1], number_of_input_channel, filter_size]。

在此採用 5×5 的過濾器，並把過濾器的大小設為 32。由於是灰階影像，因此輸入通道數量為 1，所以權重矩陣為 [5,5,1,32]：

```
w_c1 = tf.Variable(tf.random_normal([5,5,1,32]))
```

由於第二個卷積層會以第一個卷積層（通道輸出為 32）作為輸入，因此到下一層的輸入通道數量就變成 32：

```
w_c2 = tf.Variable(tf.random_normal([5,5,32,64]))
```

初始化偏差值：

```
b_c1 = tf.Variable(tf.random_normal([32]))
b_c2 = tf.Variable(tf.random_normal([64]))
```

現在要在第一卷積層中進行操作，也就是對輸入 x 進行卷積操作並應用 ReLU 觸發函數，最後再加上一個最大池化操作：

```
conv1 = tf.nn.relu(conv2d(x, w_c1) + b_c1)
conv1 = maxpool2d(conv1)
```

第一個卷積層的執行結果會被傳到下一個卷積層，我們會使用 ReLU 觸發來對第一個卷積層的結果執行卷積操作，後續再接最大池化：

```
conv2 = tf.nn.relu(conv2d(conv1, w_c2) + b_c2)
conv2 = maxpool2d(conv2)
```

在兩層卷積層中經過了卷積與池化操作之後，輸入影像會從原本的 28*28*1 被降到 7*7*1。在把這筆輸出結果送入全連接層之前，需要先把它攤平。接著，第二卷積層的結果就可以被送入全連接層，再將它乘以權重、加上偏差值，最後應用 ReLU 觸發函數：

```
x_flattened = tf.reshape(conv2, [-1, 7*7*64])
w_fc = tf.Variable(tf.random_normal([7*7*64,1024]))
b_fc = tf.Variable(tf.random_normal([1024]))
fc = tf.nn.relu(tf.matmul(x_flattened,w_fc)+ b_fc)
```

現在要定義出層的權重與偏差值，也就是 [現在所處層的神經元數量 , 下一層的神經元層數量]：

```
w_out = tf.Variable(tf.random_normal([1024, 10]))
b_out = tf.Variable(tf.random_normal([10]))
```

全連接層的結果乘以權重矩陣再加上偏差值之後就是輸出了。在此會用 softmax 觸發函數來取得輸出的機率：

```
output = tf.matmul(fc, w_out)+ b_out
yhat = tf.nn.softmax(output)
```

在此把損失函數定義為交叉熵損失。不過現在不再使用梯度下降最佳器，而是使用另一種新的最佳器來將損失函數最小化，稱為 Adam 最佳器（https://www.tensorflow.org/api_docs/python/tf/train/ AdamOptimizer）：

```
cross_entropy =
tf.reduce_mean(tf.nn.softmax_cross_entropy_with_logits(logits=output,
labels=y))optimiser =
tf.train.AdamOptimizer(learning_rate=learning_rate).minimize(cross_entropy)
```

計算精確度：

```
correct_prediction = tf.equal(tf.argmax(y, 1), tf.argmax(yhat, 1))
accuracy = tf.reduce_mean(tf.cast(correct_prediction, tf.float32))
```

定義超參數：

```
epochs = 10
batch_size = 100
```

啟動 TensorFlow 階段並建置模型：

```
init_op = tf.global_variables_initializer()

with tf.Session() as sess:
    sess.run(init_op)
    total_batch = int(len(fashion_mnist.train.labels) / batch_size)
    # 每回合執行內容
    for epoch in range(epochs):
        avg_cost = 0
        for i in range(total_batch):
            batch_x, batch_y =
fashion_mnist.train.next_batch(batch_size=batch_size)
            _, c = sess.run([optimiser, cross_entropy],
                        feed_dict={x: batch_x, y: batch_y})
            avg_cost += c / total_batch
        print("Epoch:", (epoch + 1), "cost ="""{:.3f}".format(avg_cost))
    print(sess.run(accuracy, feed_dict={x: mnist.test.images, y:
mnist.test.labels}))
```

 ## 總結

本章實際建置一個神經網路，運用 TensorFlow 來分類手寫數字，藉此認識了神經網路的運作方式。也看到了不同類型的神經網路，例如可以記憶資訊的 RNN。接著是 LSTM 網路，運用數個閘將資訊保留在記憶中（要保留多久都行），這樣才能搞定梯度消失問題。然後還有用於辨識影像的 CNN 神經網路，它運用了不同的層來理解影像。最後，我們利用 TensorFlow，建置了一個 CNN 來識別時尚產品。

下一章，第 8 章「*使用深度 Q 網路來玩 Atari 遊戲*」中，會介紹如何運用神經網路來幫助 RL 代理更有效地學習。

問題

本章問題如下：

1. 線性迴歸與神經網路兩者差異為何？

2. 觸發函數的功能為何？

3. 為何需要計算梯度下降法中的梯度值？

4. RNN 的優勢為何？

5. 何謂梯度消失和梯度爆炸問題？

6. LSTM 中的閘有哪些？

7. 池化層的功能為何？

 延伸閱讀

深度學習是一個非常大的課題。想了解更多深度學習與其他相關演算法，請參考以下連結：

- **史丹佛大學的超棒 CNN 課程**：
  https://www.youtube.com/watch?v= NfnWJUyUJYU list= PLkt2uSq6rBVct ENoVBg1TpCC7OQi31AlC

- **本篇部落格深入討論了 RNN**：
  http://www.wildml.com/2015/09/recurrent-neutral-networks- tutorial-part-1-introduction-to-rnns/

使用深度 Q 網路來玩
Atari 遊戲

深度 Q 網路（Deep Q Network，DQN）是一款非常普遍且已被廣泛運用的**深度強化學習**（Deep Reinforcemnet Learning，DRL）演算法。事實上，它在發布之後已在強化學習社群中造成相當大的迴響。這款演算法是由 Google 所擁有的 DeepMind 公司研究員所提出，並在只以遊戲畫面作為輸出的情況下達到了人類玩家的水準。

本章會介紹 DQN 的運作方式，並學會如何建立一個 DQN 來玩任何一款 Atari 遊戲，輸入資訊只需要遊戲畫面即可。另外也會看到一些對於 DQN 架構的改良，例如雙層 DQN 與競爭網路架構。

本章學習重點如下：

- 深度 Q 網路（DQN）的架構

- 建置代理來玩 Atari 遊戲

- 雙層 DQN

- 優先經驗回放

什麼是深度 Q 網路？

在進一步之前，首先要定義 Q 函數。什麼是 Q 函數呢？ Q 函數也稱為狀態 - 動作（state-action）價值函數，說明了動作 a 在狀態 s 中的良好程度。因此，我們會把各個狀態中所有可能的動作儲存在名為 Q 表的表格中，接著挑選該狀態中數值最高的動作，這就是最佳動作。還記得之前是如何學習這個 Q 函數的嗎？我們運用 Q 學習，就是一種可以估計 Q 函數的離線時間差分學習演算法，這在第 5 章「時間差分學習」中介紹過了。

目前為止，我們已經看過具備有限狀態與有限動作的環境了，接著就是大費周章去搜尋所有可能的狀態 - 動作組來找到最佳的 Q 值。假設我們的環境所擁有的狀態數量非常非常多，並且在各個狀態又各自有很多動作要去嘗試。若要把所有狀態中的動作都跑一遍就會非常耗時。比較好的做法是透過某個參數 θ 來近似 Q 函數：$Q(s, a; \theta) \approx Q^*(s, a)$。我們可以運用權重為 θ 的神經網路來近似各狀態中所有可能動作的 Q 值。也正因是用神經網路來近似 Q 函數，我們就稱之為 Q 網路。好啦，那麼要如何訓練網路，而目標函數又是什麼呢？先回想一下 Q 學習的更新規則：

$$Q(s, a) = Q(s, a) + \alpha(r + \gamma maxQ(s'a') - Q(s, a))$$

$r + \gamma maxQ(s'a)$ 為目標值，$Q(s, a)$ 則是預測值；我們會試著學會正確的策略，藉此將這個值最小化。

同樣地，在 DQN 中，損失函數可定義為目標值與預測值兩者差之平方，我們同樣也會透過更新權重 θ 來將損失降到最低：

$$Loss = (y_i - Q(s, a; \theta))^2$$

其中 $y_i = r + \gamma max_{a'} Q(s', a'; \theta)$。

更新權重與損失最小化都是透過梯度下降法來完成。簡言之，DQN 採用神經網路作為近似子來近似 Q 函數，並透過梯度下降好使誤差降到最低。

DQN 的架構

現在對於 DQN 應該有基本概念了，接著要深入認識 DQN 的運作方式，以及用於玩 Atari 遊戲的 DQN 架構。我們會逐一介紹每一個元件，並整體來看這套演算法。

◎ 卷積網路

DQN 的第一層是卷積網路，這個網路的輸入是遊戲畫面的原始畫格（frame）。我們會取得這個原始畫格並丟給卷積層，讓它能理解遊戲狀態。但即便叫做原始畫格也是有 210×160 像素以及 128 種色階，顯然如果直接把原始圖檔送進去的話，會耗費大量的運算資源與記憶體。因此，做法是先降到 84×84 像素並把 RGB 彩色值轉為灰階值，接著把這個預處理過的遊戲畫面作為卷積層的輸入。卷積層會去辨別影像中不同物體的空間關係，藉此來理解遊戲畫面。我們採用兩個卷積層再接一個以 ReLU 作為觸發函數的全連接層。注意，在此未使用池化層。

在物件辨識與分類上，池化層非常好用，因為先前只需要知道影像中是否包含我們想要的目標物體，不需考慮它在影像中的位置。假設想要分類出影像中是否有一隻狗，我們只要檢查影像中是否有狗，而無須確定狗的位置。以這種情況而言，就可以運用池化層來分類影像而不需得知狗在影像中的位置。但現在要理解的是遊戲畫面，這時候位置就很重要了，因為它可描述遊戲狀態。例如在乒乓遊戲 Pong 中，就不只需要辨別遊戲畫面中是否有球，還需要知道球的位置才能執行下一個動作。這也是為什麼現在的架構中沒有用到池化層的原因。

好吧，Q 值要怎麼算出來呢？如果把一張遊戲畫面與一個動作作為 DQN 的輸入，這樣會產生一個 Q 值。由於狀態中會有多個動作，它需要一次完整的向前傳送才能完成。再者，在每個遊戲動作的單次向前傳送中也會包含了許多狀態，這當然會耗費很多運算資源。因此我們只單把遊戲畫面作為輸入，把輸出層的單元數量指定為遊戲狀態的動作數量，藉此取得該狀態中所有可能動作的 Q 值。

DQN 的架構如下圖，我們送入一張遊戲畫面，讓它計算該遊戲狀態中所有狀態的 Q 值：

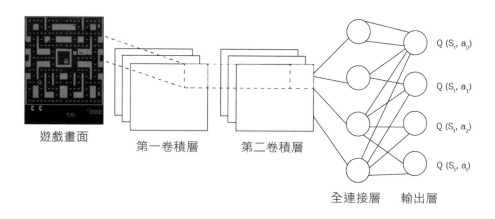

遊戲畫面　　第一卷積層　　第二卷積層

$Q(S_t, a_0)$

$Q(S_t, a_1)$

$Q(S_t, a_2)$

$Q(S_t, a_t)$

全連接層　　輸出層

為了預測遊戲狀態的 Q 值，我們不單單使用當下的遊戲畫面而已；還會採用先前共四張的遊戲畫面。為什麼要這麼做呢？以小精靈（Pac-Man）遊戲為例，遊戲目標是讓小精靈四處移動並吃光所有的點。但如果只看當下的遊戲畫面，無法得知小精靈的移動方向。但如果有過去的遊戲畫面，就能知道小精靈的移動方向了。在此使用過去的四張畫面搭配現在的遊戲畫面作為輸入。

◉ 經驗回放

在 RL 環境中，代理執行了某個動作 a 從一個狀態 s 轉移到下一個狀態 s'，並收到獎勵 r。我們將這個轉移資訊以 $<s, a, r, s'>$ 的格式存放於名為回放緩衝（replay buffer）或經驗回放（experience replay）的緩衝區中。這些轉移就稱為代理的經驗。

經驗回放的關鍵在於，我們是用取樣自回放緩衝的轉移來訓練深度 Q 網路，而非最新的轉移。代理的經驗在單位時間裡只會與另一個經驗有相關，所以從回放緩衝中隨機取樣一小批訓練樣本就可以減低代理經驗之間的相關程度，並有助於讓代理從各種經驗中學得更好。

另外，神經網路會因為經驗之間的相關性而產生過度擬合（overfit）的現象，因此從緩衝區中隨機選擇一小批經驗也能降低過度擬合的現象。我們可透過均勻取樣來取樣經驗。經驗回放可以視為一個佇列而非清單。回放緩衝只會存放固定數量的最近經驗，這樣當有新的資訊進來時，就需要先把舊的項目刪除：

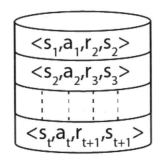

◉ 目標網路

損失函數需要計算目標值與預測值的平方差：

$$Loss = (r + \gamma max_{a'} Q(s', a'; \theta) - Q(s, a; \theta))^2$$

我們採用同一個 Q 函數來計算目標值與預測值。上述方程式中可以看到目標 Q 與預測 Q 都採用了相同的權重 θ。也因為使用相同的網路來計算預測值與目標值，兩者之間會有相當程度的發散。

為了避免這個問題，我們運用另一個獨立網路，稱為目標網路，來計算目標值。所以，損失函數變成如下：

$$Loss = (r + \gamma max_{a'} Q(s', a'; \theta') - Q(s, a; \theta))^2$$

你應該發現目標 Q 的參數為 θ' 而非 θ。實際用於預測 Q 值的 Q 網路會運用梯度下降來學會正確的權重 θ。目標網路會在數個時間步驟之間被凍結，接著複製實際 Q 網路的權重來更新目標網路的權重。暫時凍結目標網路，接著使用實際的 Q 網路權重來更新權重，藉此穩定訓練過程。

◉ 獎勵修剪

獎勵要如何發放呢？每個遊戲的獎勵方式都各有不同。在某些遊戲中，給予的獎勵可能是勝利 +1、失敗 -1，而什麼事都沒發生則為 0，但在其他遊戲中可能會對執行某個動作給 +100，另一個動作則給 +50。為了避免這個問題，在此所有的獎勵都只有 -1 與 +1。

◉ 認識演算法

現在要來看看 DQN 的整體運作方式，所包含的步驟如下：

1. 首先，預處理遊戲畫面（狀態 s）並送入 DQN，這會回傳該狀態中所有可能動作的 Q 值。

2. 使用 epsilon- 貪婪策略來選擇動作：以機率 epsilon 來隨機選擇動作 a，而以機率 1-epsilon 來選擇具有最大 Q 值的動作，例如 $a = argmax(Q(s, a; \theta))$。

3. 選擇動作 a 之後，就要在該狀態中執行該動作並移動到新狀態 s'，最後收到獎勵。下一個狀態 s'，就是預處理好的下一張遊戲畫面影像。

4. 將這筆轉移以 $<s,a,r,s'>$ 格式存放於回放緩衝中。

5. 接著，從回放緩衝隨機取樣一小批轉移並計算損失。

6. 已知 $Loss = (r + \gamma max_{a'} Q(s',a';\theta) - Q(s,a;\theta))^2$，就是目標 Q 與預測 Q 兩者之間的差平方。

7. 對實際網路的參數 θ 執行梯度下降，藉此將這筆損失降到最低。

8. 每 k 步之後，就會把實際網路的權重 θ 複製給目標網路的權重 θ。

9. 在指定 M 個世代中重複上述步驟。

 ## 建立代理來進行 Atari 遊戲

現在說明如何建置代理來遊玩任何一款 Atari 遊戲。請由此取得完整的 Jupyter notebook 格式程式碼與說明文件：https://github.com/sudharsan13296/Hands-On-Reinforcement-Learning-With-Python/blob/master/08.%20Atari%20Games%20with%20DQN/8.8%20Building%20an%20Agent%20to%20Play%20Atari%20Games.ipynb（短網址：https://bit.ly/2J3QsUH）。

首先，匯入所有必要的函式庫：

```
import numpy as np import gym
import tensorflow as tf
from tensorflow.contrib. layers import flatten, conv2d, fully_connected
from collections import deque, Counter
import random
from datetime import datetime
```

這個連結中所有的 Atari 遊戲環境都可以使用：http://gym.openai.com/envs/#atari。

本範例採用 Pac-Man 遊戲環境：

```
env = gym.make("MsPacman-v0")
n_outputs = env.action_space.n
```

小精靈環境如下圖：

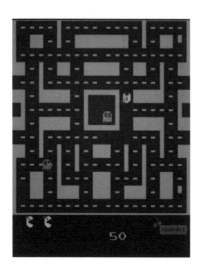

我們定義了一個 preprocess_observation 函數來預先處理遊戲畫面，它會降低影像尺寸並轉換為灰階：

```
color = np.array([210, 164, 74]).mean()

def preprocess_observation(obs):

    # 剪裁與調整影像大小
    img = obs[1:176:2, ::2]

    # 將影像轉灰階
    img = img.mean(axis=2)

    # 加強影像對比
    img[img==color] = 0

    # 將影像正規化於 -1 到 +1 之間
    img = (img - 128) / 128 - 1

    return img.reshape(88,80,1)
```

好的，又建立了一個 **q_network** 函數來建立 Q 網路。這個 Q 網路的輸入就是遊戲狀態 X。

在此建立的 Q 網路具有三個相同填入的卷積層，後面再接一個全連接層：

```
tf.reset_default_graph()

def q_network(X, name_scope):
    # 初始化各層
    initializer = tf.contrib.layerss.variance_scaling_initializer()

    with tf.variable_scope(name_scope) as scope:

        # 初始化各個卷積層
        layer_1 = conv2d(X, num_outputs=32, kernel_size=(8,8), stride=4,
padding='SAME', weights_initializer=initializer)
        tf.summary.histogram('layer_1', layer _1)
        layer _2 = conv2d(layer_1, num_outputs=64, kernel_size=(4,4),
stride=2, padding='SAME', weights_initializer=initializer)
        tf.summary.histogram(' layer _2', layer _2)
        layer _3 = conv2d(layer _2, num_outputs=64, kernel_size=(3,3),
stride=1, padding='SAME', weights_initializer=initializer)
        tf.summary.histogram(' layer _3', layer _3)
        # 在送入全連接層之前，先將 layer_3 攤平
        flat = flatten(layer _3)

        fc = fully_connected(flat, num_outputs=128,
weights_initializer=initializer)
        tf.summary.histogram('fc',fc)
        output = fully_connected(fc, num_outputs=n_outputs,
activation_fn=None, weights_initializer=initializer)
        tf.summary.histogram('output',output)

        # vars 是用於儲存像是權重等網路參數
        vars = {v.name[len(scope.name):]: v for v in
tf.get_collection(key=tf.GraphKeys.TRAINABLE_VARIABLES, scope=scope.name)}
        return vars, output
```

接著定義了一個 **epsilon_greedy** 函數來執行 epsilon- 貪婪策略。epsilon- 貪婪策略會以 1-epsilon 的機率來執行最佳動作，或以 epsilon 的機率來隨機執行某個動作。

在此採用衰減式 epsilon- 貪婪策略，其中 epsilon 值會隨著時間慢慢變小，
因為我們不希望永遠探索下去。因此過了一段時間之後，我們的策略就只
剩下採用已知的最佳動作：

```python
epsilon = 0.5
eps_min = 0.05
eps_max = 1.0
eps_decay_steps = 500000
def epsilon_greedy(action, step):
    p = np.random.random(1).squeeze()
    epsilon = max(eps_min, eps_max - (eps_max-eps_min) * step/eps_decay_steps)
    if np.random.rand() < epsilon:
        return np.random.randint(n_outputs)
    else:
        return action
```

現在將用於存放經驗的經驗回放緩衝長度設為 20000。

代理的所有經驗（包括狀態、動作與獎勵）都會存放於經驗回放緩衝中，
後續我們會由此取樣一小批經驗來訓練網路：

```python
def sample_memories(batch_size):
    perm_batch = np.random.permutation(len(exp_buffer))[:batch_size]
    mem = np.array(exp_buffer)[perm_batch]
    return mem[:,0], mem[:,1], mem[:,2], mem[:,3], mem[:,4]
```

接著定義所有超參數：

```python
num_episodes = 800
batch_size = 48
input_shape = (None, 88, 80, 1)
learning_rate = 0.001
X_shape = (None, 88, 80, 1)
discount_factor = 0.97

global_step = 0
copy_steps = 100
steps_train = 4
start_steps = 2000
logdir = 'logs'
```

定義輸入佔位符，例如遊戲狀態：

```
X = tf.placeholder(tf.float32, shape=X_shape)
```

定義 in_training_mode 布林變數來切換訓練：

```
in_training_mode = tf.placeholder(tf.bool)
```

建置 Q 網路，會用到輸入 X 並產生該狀態中所有動作的 Q 值：

```
mainQ, mainQ_outputs = q_network(X, 'mainQ')
```

目標 Q 網路也是同樣的建立方法：

```
targetQ, targetQ_outputs = q_network(X, 'targetQ')
```

定義動作值的佔位符：

```
X_action = tf.placeholder(tf.int32, shape=(None,))
Q_action = tf.reduce_sum(targetQ_outputs * tf.one_hot(X_action, n_outputs),
axis=-1, keep_dims=True)
```

將主 Q 網路的參數複製到目標 Q 網路：

```
copy_op = [tf.assign(main_name, targetQ[var_name]) for var_name, main_name
in mainQ.items()]
copy_target_to_main = tf.group(*copy_op)
```

定義輸出的佔位符，例如動作：

```
y = tf.placeholder(tf.float32, shape=(None,1))
```

計算損失，也就是實際值與預測值兩者之差：：

```
loss = tf.reduce_mean(tf.square(y - Q_action))
```

使用 AdamOptimizer 將損失降到最低：

```python
optimizer = tf.train.AdamOptimizer(learning_rate)
training_op = optimizer.minimize(loss)
```

設定 TensorBoard 視覺化的紀錄檔：

```python
loss_summary = tf.summary.scalar('LOSS', loss)
merge_summary = tf.summary.merge_all()
file_writer = tf.summary.FileWriter(logdir, tf.get_default_graph())
```

接著啟動 TensorFlow 階段並執行模型：

```python
init = tf.global_variables_initializer()
with tf.Session() as sess:
    init.run()
    # 每個世代都執行以下內容
    for i in range(num_episodes):
        done = False
        obs = env.reset()
        epoch = 0
        episodic_reward = 0
        actions_counter = Counter()
        episodic_loss = []

        # 當狀態並非終結狀態時，執行以下內容
        while not done:

            #env.render()
            # 取得經過預處理的遊戲畫面
            obs = preprocess_observation(obs)

            # 送入遊戲畫面並取得各動作的 Q 值
            actions = mainQ_outputs.eval(feed_dict={X:[obs],
in_training_mode:False})

            # 取得動作
            action = np.argmax(action s, axis=-1)
            action s_counter[str(action)] += 1

            # 使用 epsilon- 貪婪策略來選擇動作
            action = epsilon_greedy(action, global_step)
```

```
            # 執行這個動作並移動到下一個狀態，next_obs，並收到獎勵
            next_obs, reward, done, _ = env.step(action)

            # 將這筆轉移當作經驗存放於回放緩衝中
            exp_buffer.append([obs, action,
preprocess_observation(next_obs), reward, done])
            # 一定次數步驟之後，使用來自這個經驗回放緩衝的取樣來訓練 Q 網路
            if global_step % steps_train == 0 and global_step >
start_steps:
                    # 取樣經驗
                    o_obs, o_act, o_next_obs, o_rew, o_done =
sample_memories(batch_size)

                    # 狀態
                    o_obs = [x for x in o_obs]

                    # 下一個狀態
                    o_next_obs = [x for x in o_next_obs]

                    # 下一個動作
                    next_act = mainQ_outputs.eval(feed_dict={X:o_next_obs,
in_training_mode:False})

                    # 獎勵
                    y_batch = o_rew + discount_factor * np.max(next_act,
axis=-1) * (1-o_done)

                    # 合併所有加總並寫入檔案
                    mrg_summary = merge_summary.eval(feed_dict={X:o_obs,
y:np.expand_dims(y_batch, axis=-1), X_action:o_act, in_training_mode:False})
                    file_writer.add_summary(mrg_summary, global_step)
                    # 訓練網路並計算損失
                    train_loss, _ = sess.run([loss, training_op],
feed_dict={X:o_obs, y:np.expand_dims(y_batch, axis=-1), X_action:o_act,
in_training_mode:True})
                    episodic_loss.append(train_loss)
            # 數次之後，將主 Q 網路的權重複製到目標 Q 網路
            if (global_step+1) % copy_steps == 0 and global_step >start_steps:
                    copy_target_to_main.run()
            obs = next_obs
            epoch += 1
            global_step += 1
            episodic_reward += reward
    print('Epoch', epoch, 'Reward', episodic_reward,)
```

你會看到以下的輸出畫面：

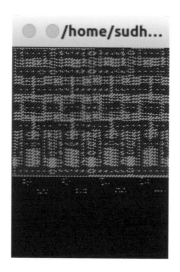

也可以用 TensorBoard 看看這個 DQN 的運算圖，如下：

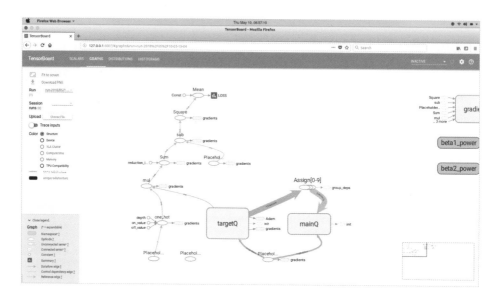

主網路與目標網路權重分配的視覺化呈現如下：

還能看到損失的變化：

雙層 DQN　　　　■■■

深度 Q 學習很酷吧？它可將自身學習一般化來玩任何一款 Atari 遊戲。不過，DQN 的問題是它常常會高估 Q 值，這是 Q 學習方程式中的 max 運算子所造成的。max 運算子在選擇與評估某個動作時都採用同一個值。這是什麼意思？假設我們處於狀態 s，並有 a_1 到 a_5 等五個動作，其中 a_3 是最佳動作。當我們要估計狀態 s 中所有動作的 Q 值時，這個估計而來的 Q 值會有一些雜訊而與實際值有差異。也因為這個雜訊，動作 a_2 的值會比最佳動作 a_3 來得更高。現在，如果將數值最高者視為最佳動作，最後反而會選到次佳的動作 a_2 而非最佳動作 a_3。

解決的方法是運用兩個 Q 函數，各自獨立學習。一個 Q 函數是用來選擇動作，而另一個 Q 函數則是用來評估動作。只要微調一下 DQN 的目標函數就能做到這件事。回想一下 DQN 的目標函數：

$$y_i^{DQN} = r + \gamma max_{a'} Q(s', a'; \theta')$$

目標函數修改如下：

$$y_i^{DoubleDQN} = r + \gamma Q(s, argmaxQ(s, a; \theta^-); \theta')$$

上述方程式中有兩個權重不同的 Q 函數。因此權重為 θ' 的 Q 函數是用來選擇動作，另一個權重為 θ^- 的 Q 函數則是用來評估所選擇的動作。這兩個 Q 函數的角色也可以互換。

優先經驗回放

DQN 架構運用了經驗回放來移除訓練樣本之間的關聯性。不過，從經驗回放中均勻取樣轉移並非最佳的做法。反之，我們可以調整這些轉移的優先權並以此來取樣。賦予轉移不同的優先權有助於網路學得更快更有效率。但要如何指定這些轉移的優先權呢？如果某個轉移的 TD 誤差較高，就賦予它較高的優先權。由於 TD 誤差代表估計 Q 值與實際 Q 值兩者之差。因此，具有較高 TD 誤差的轉移就是我們感興趣並要從中學習的，因為就是這些轉移偏離了原本的估計。直觀來說，假設你試著去解決一連串的問題，但其中兩個失敗了。接著你對這兩個失敗的問題給予較高的優先權，仔細尋找哪邊出錯並試著解決：

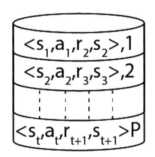

在此有兩種不同的優先權類型—比例優先權與排序優先權。

在**比例優先權（proportional prioritization）**中，優先權可定義為：

$$p_i = (\delta_i + \epsilon)^\alpha$$

p_i 是轉移 i 的優先權，δ_i 是轉移 i 的 TD 誤差，而 ϵ 就是個大於零的常數，用來確保每次轉移的優先權不會為零。當 δ 為零時，加入 ϵ 可讓本筆轉移的優先權不會為零，代表一定會有優先權。不過，該轉移的優先權會比 δ 不為零的轉移來得低。指數 α 代表所給予的優先權大小。當 α 為零，這就是單純的均勻分布。

現在使用以下公式將這個優先權轉換為機率：

$$P_i = \frac{p_i}{\sum_k p_k}$$

而在排序（rank-based）優先權中，優先權可定義為：

$$p_i = (\frac{1}{rank(i)})^\alpha$$

rank(i) 代表轉移 *i* 在回放緩衝中的位置，並根據 TD 誤差高到低來排序。計算優先權完成之後，使用同一個公式 $P_i = \frac{p_i}{\sum_k p_k}$ 將優先權轉換為機率。

競爭網路架構

我們已經知道 Q 函數說明了代理在狀態 s 中執行動作 a 的良好程度，而價值函數則說明代理在狀態 s 中的良好程度。現在，介紹一個名為優勢（advantage）函數的新函數，可定義為 Q 函數與價值函數兩者之差，它代表相較於其他動作，代理執行動作 a 的良好程度。

因此，由於價值函數代表某個狀態的良好程度，而優勢函數代表某個動作的良好程度。那麼把價值函數與優勢函數結合起來會發生什麼事呢？它會告訴我們，代理在狀態 s 中執行動作 a 的良好程度，這剛好就是 Q 函數。因此我們可以把 Q 函數定義為價值函數與優勢函數的加總，也就是 $Q(s,a) = V(s) + A(a)$。

現在要來看看競爭網路架構的運作方式，下圖是競爭 DQN 的架構：

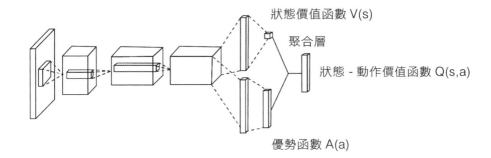

競爭 DQN 的架構基本上與 DQN 是差不多的，主要差別在於末端的全連接層分成了兩道流（stream）。一道流是計算價值函數，另一個則負責計算優勢函數。最後，我們運用聚合（aggregate）層來結合這兩個流並取得 Q 函數。

為什麼要把 Q 函數的運算拆成兩道流呢？在許多狀態中，算出所有動作的估計值不是很重要的事情，尤其是當狀態的動作空間很大時；代表多數動作對於該狀態根本沒有影像。再者，也會有許多動作的影響是重複的。以這些狀況來說，競爭 DQN 就能比現有的 DQN 架構更精準地來估計 Q 值：

- 第一道流，又稱價值流，適用於狀態中的動作數量非常多，以及估計各動作值並不是非常重要的情況。

- 第二道流，又稱優勢流，適用於網路需要決定偏好哪個動作的情況。

聚合層會整合這兩道流的數值並產生 Q 函數，這就是為什麼競爭網路會比標準 DQN 架構來得更有效率也更強健的原因。

 ## 總結

本章介紹了非常熱門的深度強化學習演算法，就是 DQN。我們介紹了如何運用深度神經網路來近似 Q 函數，也學會如何建置代理來玩 Atari 遊戲。接著介紹的是一些 DQN 的改進，例如用來避免高估 Q 值的雙層 DQN；然後是可指定經驗不同優先權的優先經驗回放，最後是競爭網路架構，它把 Q 函數計算拆解成兩道流，稱為價值流與優勢流。

在下一章第 9 章「**使用深度循環 Q 網路來玩毀滅戰士**」中，會介紹 DQN 的一款相當有趣的分支，叫做 DRQN，包能運用 RNN 來近似 Q 函數。

 ## 問題

本章問題如下：

1. 什麼是 DQN？

2. 為什麼要用到經驗回放？

3. 為什麼需要保留一個獨立的目標網路？

4. 為什麼 DQN 會高估？

5. 雙層 DQN 如何做到避免高估 Q 值？

6. 在優先經驗回放中，如何決定經驗是否優先？

7. 為什麼需要用到競爭架構？

 ## 延伸閱讀

- **DQN 相關文章**：https://storage.googleapis.com/deepmind-media/dqn/DQNNaturePaper.pdf

- **雙層 DQN 相關文章**：https://arxiv.org/pdf/1509.06461.pdf

- **競爭網路架構**：https://arxiv.org/pdf/1511.06581.pdf

使用深度循環 Q 網路
來玩毀滅戰士

上一章介紹了如何使用**深度 Q 網路（Deep Q Network，DQN）**製作代理來玩各種 Atari 遊戲。我們運用了神經網路的優勢來模擬 Q 函數、運用**卷積神經網路（CNN）**來理解輸入的遊戲畫面，並採用過去的四張遊戲畫面來更深入理解當下的遊戲狀態。在本章中，我們會學到如何運用**循環神經網路（Recurrent Neural Network，RNN）**來提高 DQN 的效能。還會看到何謂 **Markov 決策過程（MDP）**的部分可觀察現象，以及如何運用**深度循環 Q 網路（Deep Recurrent Q Network，DRQN）**來解決這個問題。接著則是製作代理透過 DRQN 來玩毀滅戰士遊戲。最後會介紹 DRQN 的一個分支，稱為**深度專注循環 Q 網路（Deep Attention Recurrent Q Network，DARQN）**，它增強了 DRQN 架構的專注機制。

本章學習重點如下：

- DRQN

- 部分可觀察 MDP

- DRQN 的架構

- 如何使用 DRQN 建立代理來玩毀滅戰士遊戲

- DARQN

DRQN

當我們的 DQN 在進行 Atari 遊戲已達人類水準時，為什麼還需要 DRQN 呢？要回答這個問題，我們需要先理解**部分可觀察 Markov 決策過程（Partially Observable Markov Decision Process，POMDP）**問題。當我們對於環境只能掌握有限資訊時，這個環境就稱為部分可觀察 MDP。到目前為止的先前章節中，我們已經談過了完全可觀察 MDP，代表清楚知道所有可能的動作與狀態—雖然代理可能不會去專注轉移機率與獎勵機率，但它確實掌握了這個環境的完整知識，以凍湖環境來說，我們很清楚知道這個環境的所有狀態與動作；很容易就能把這個環境建模為一個完全可觀察 MDP。但多數真實世界的環境都屬於部分可觀察，無法看到所有的狀態。假設代理要學著在真實世界環境中行走；顯然，這個代理不會擁有環境的完整知識，它無法擁有視野之外的資訊。在 POMDP 中，狀態只提供了部分資訊，但在記憶體中保留過去狀態的資訊可能有助於讓代理更了解環境狀態並改進策略。因此在 POMDP 中，我們需要保留先前狀態的資訊來採取最佳動作。

回想一下之前所學的乒乓球遊戲 Pong，如下所示。只要使用當下的遊戲畫面就能得知球的位置，但我們還需要球的移動方向與速度才能決定最佳動作。例如當下的遊戲畫面，確實無法從畫面中得知球的方向與速度：

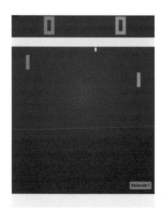

為了搞定這個問題，除了當前的遊戲畫面，我們還採用前四個遊戲畫面來算出球的方向與速度，這個做法在 DQN 中用過了。過去的四張遊戲畫面再加上當下的遊戲畫面會做為卷積層的輸入，並取得該狀態中所有可能動作的 Q 值。但你覺得，只要過去四張畫面就能讓我們理解不同的環境了嗎？有些環境可能需要過去的 100 張遊戲畫面才能更理解當下遊戲的狀態。但要累積過去的 n 張遊戲畫面會讓訓練流程變慢，還會讓經驗回放緩衝區變得非常大。

在此會運用 RNN 的優勢來理解並保留先前狀態的資訊，要保留多久都可以。在第 7 章「深度學習的基礎概念」中，我們學到了如何運用**長短期記憶循環神經網路（Long Short-Term Memory Recurrent Neural Networks，LSTM RNN）**來產生文字，並根據我們的需求來保留、遺忘並更新資訊，藉此來理解文字蘊含的內容。我們會透過增強 LSTM 層來修改 DQN 架構，藉此來理解先前資訊。在 DQN 架構中，我們把第一個後卷積完全連接層換成 LSTM RNN。這樣還能解決部分可觀察的問題，現在我們的代理已經能記住過往的狀態並藉此改良策略。

◉ DRQN 的架構

DRQN 的架構與 DQN 相當類似，但第一個後卷積完全連接層會換成 LSTM RNN，如下圖：

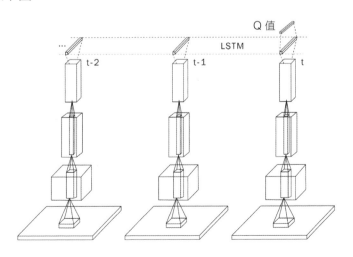

接著把遊戲畫面用於卷積層的輸入。卷積層會把影像卷積起來好產生特徵圖。這個特徵圖則繼續被送往 LSTM 層。LSTM 層具有存放資訊用的記憶體。LSTM 層會保留關於前一個遊戲狀態的重要資訊，並根據我們的需求來定期更新其記憶。它會在通過一個完全連接層之後輸出一個 Q 值。因此與 DQN 不同，在此不直接去估計 $Q(s_t, a_t)$，而是去估計 $Q(h_t, a_t)$，而 h_t 是網路在上一個時間步驟所回傳的輸入，也就是說 $h_t = LSTM(h_{t-1}, o_t)$。由於我們使用的是 RNN，我們會透過反向傳播來訓練網路。

等等，經驗回放緩衝跑哪去了？在 DQN 中為了避免經驗彼此關聯，會使用經驗回放來儲存遊戲轉移，並運用隨機的小批經驗來訓練網路。以 DRQN 來說，我們在經驗緩衝中儲存了整個世代，並從隨機小批世代中隨機取樣 n 個步驟。這樣一來就能兼顧隨機性，以及實際彼此跟隨的經驗。

訓練代理來玩毀滅戰士

毀滅戰士（Doom）是一款非常熱門的第一人稱射擊遊戲，遊戲的目標就是殺掉所有的怪獸。毀滅戰士是另一個部分可觀察 MDP 的例子，因為代理（玩家）的視野限制在 90 度之內。代理對於環境的其他內容一無所知。現在來看看如何運用 DRQN 訓練代理來玩毀滅戰士。

在此不使用 OpenAI Gym，而是透過 ViZDoom 套件來模擬毀滅戰士環境並訓練代理。請參考 ViZDoom 原廠網站 http://vizdoom.cs.put.edu.pl/ 來得知更多關於本套件的資訊。請用以下指令來安裝 ViZDoom：

```
pip install vizdoom
```

ViZDoom 提供了非常多的毀滅戰士場景，這些場景檔案位於 vizdoom/ scenarios 資料夾下。

⊙ 簡易毀滅戰士遊戲

在深入理解之前，先用一個簡單的範例讓大家更熟悉 vizdoom 環境：

1. 匯入所需的函式庫：

```
from vizdoom import *
import random
import time
```

2. 建立一個 DoomGame 實例：

```
game = DoomGame()
```

3. ViZDoom 提供了非常多的毀滅戰士遊戲場景，現在載入基本場景：

```
game.load_config("basic.cfg")
```

4. init() 方法會使用這個場景來初始化遊戲：

```
game.init()
```

5. 定義具有獨熱編碼的動作 actions：

```
shoot = [0, 0, 1]
left = [1, 0, 0]
right = [0, 1, 0]
actions = [shoot, left, right]
```

6. 開始玩遊戲吧：

```
no_of_episodes = 10

for i in range(no_of_episodes):
    # 遊戲開始的每個世代
    game.new_episode()
    # 重複執行直到世代結束
    while not game.is_episode_finished():
        # 取得遊戲狀態
        state = game.get_state()
```

```
        img = state.screen_buffer
        # 取得遊戲變數
        misc = state.game_variables
        # 隨機執行動作並收到獎勵
        reward = game.make_action(random.choice(actions))
        print(reward)
    # 下個世代開始前等候一段時間
    time.sleep(2)
```

執行程式之後可以看到以下畫面：

◉ 使用 DRQN 來玩毀滅戰士

現在來看看如何使用 DRQN 演算法訓練代理來玩毀滅戰士遊戲。如果成功殺掉怪獸就能得到正向獎勵，如果失血、自殺或損失子彈則是得到負向獎勵。你可在此取得 Jupyter notebook 的格式（還有說明）完整程式碼：

https://github.com/sudharsan13296/Hands-On-Reinforcement-Learning-With-Python/blob/master/09.%20Playing%20Doom%20Game%20using%20DRQN/9.5%20Doom%20Game%20Using%20DRQN.ipynb（短網址：https://bit.ly/2UjH3cz）。

本段所用的程式碼感謝 Luthanicus（`https://github.com/Luthanicus/losaltoshackathon-drqn`）。

首先，匯入所有要用到的函式庫：

```
import tensorflow as tf
import numpy as np
import matplotlib.pyplot as plt
from ViZDoom import *
import timeit
import math
import os
import sys
```

定義 get_input_shape 函式來計算輸入影像經過卷積層處理後的最後外形：

```
def get_input_shape(Image,Filter,Stride):
    layer1 = math.ceil(((Image - Filter + 1) / Stride))
    o1 = math.ceil((layer1 / Stride))
    layer2 = math.ceil(((o1 - Filter + 1) / Stride))
    o2 = math.ceil((layer2 / Stride))
    layer3 = math.ceil(((o2 - Filter + 1) / Stride))
    o3 = math.ceil((layer3 / Stride))
    return int(o3)
```

現在要定義 DRQN 類別來實作 DRQN 演算法，請看以下各行程式碼的註解來深入理解：

```
class DRQN():
    def __init__(self, input_shape, num_actions, initial_learning_rate):
        # 首先，初始化所有超參數

        self.tfcast_type = tf.float32
        # 設定輸入外形為 (length, width, channels)
        self.input_shape = input_shape
        # 環境中的動作數量
        self.num_actions = num_actions
        # 神經網路的學習率
        self.learning_rate = initial_learning_rate
        # 定義卷積神經網路的超參數

        # 過濾器大小
        self.filter_size = 5
        # 過濾器數量
```

```
            self.num_filters = [16, 32, 64]
            # 間隔大小
            self.stride = 2
            # 池大小
            self.poolsize = 2
            # 設定卷積層形狀
            self.convolution_shape = get_input_shape(input_shape[0],
    self.filter_size, self.stride) * get_input_shape(input_shape[1],
    self.filter_size, self.stride) * self.num_filters[2]
            # 定義循環神經網路與最終前饋層的超參數
            # 神經元數量
            self.cell_size = 100
            # 隱藏層數量
            self.hidden_layer = 50
            # drop out 機率
            self.dropout_probability = [0.3, 0.2]

            # 最佳化的超參數
            self.loss_decay_rate = 0.96
            self.loss_decay_steps = 180

            # 初始化 CNN 的所有變數

            # 初始化輸入的佔位，形狀為 (length, width, channel)
            self.input = tf.placeholder(shape = (self.input_shape[0],
    self.input_shape[1], self.input_shape[2]), dtype = self.tfcast_type)
            # 還要初始化目標向量的形狀，正好等於動作數量
            self.target_vector = tf.placeholder(shape = (self.num_actions, 1),
    dtype = self.tfcast_type)

            # 初始化三個回應過濾器的特徵圖
            self.features1 = tf.Variable(initial_value =
    np.random.rand(self.filter_size, self.filter_size, input_shape[2],
    self.num_filters[0]), dtype = self.tfcast_type)
            self.features2 = tf.Variable(initial_value =
    np.random.rand(self.filter_size, self.filter_size, self.num_filters[0],
    self.num_filters[1]), dtype = self.tfcast_type)
            self.features3 = tf.Variable(initial_value =
    np.random.rand(self.filter_size, self.filter_size, self.num_filters[1],
    self.num_filters[2]), dtype = self.tfcast_type)

            # 初始化 RNN 變數，回想一下第 7 章討論的 RNN 運作方式
            self.h = tf.Variable(initial_value = np.zeros((1, self.cell_size)),
    dtype = self.tfcast_type)
            # 隱藏層對隱藏層的權重矩陣
            self.rW = tf.Variable(initial_value = np.random.uniform(
                            low = -np.sqrt(6. /
    (self.convolution_shape + self.cell_size)),
                            high = np.sqrt(6. /
```

```
(self.convolution_shape + self.cell_size)),
                                size = (self.convolution_shape,
self.cell_size)),
                                dtype = self.tfcast_type)
        # 輸入層對隱藏層的權重矩陣
        self.rU = tf.Variable(initial_value = np.random.uniform(
                                low = -np.sqrt(6. / (2 *
self.cell_size)),
                                high = np.sqrt(6. / (2 *
self.cell_size)),
                                size = (self.cell_size,
self.cell_size)),
                                dtype = self.tfcast_type)
        # 隱藏層對輸出層的權重矩陣
        self.rV = tf.Variable(initial_value = np.random.uniform(
                                low = -np.sqrt(6. / (2 *
self.cell_size)),
                                high = np.sqrt(6. / (2 *
self.cell_size)),
                                size = (self.cell_size,
self.cell_size)),
                                dtype = self.tfcast_type)
        # 偏差
        self.rb = tf.Variable(initial_value = np.zeros(self.cell_size),
dtype = self.tfcast_type)
        self.rc = tf.Variable(initial_value = np.zeros(self.cell_size),
dtype = self.tfcast_type)

        # 定義前饋網路的權重與偏差
        # 權重
        self.fW = tf.Variable(initial_value = np.random.uniform(
                                low = -np.sqrt(6. /
(self.cell_size + self.num_actions)),
                                high = np.sqrt(6. /
(self.cell_size + self.num_actions)),
                                size = (self.cell_size,
self.num_actions)),
                                dtype = self.tfcast_type)
    # 偏差
    self.fb = tf.Variable(initial_value = np.zeros(self.num_actions),
dtype = self.tfcast_type)

    # 學習率
    self.step_count = tf.Variable(initial_value = 0, dtype =
self.tfcast_type)
        self.learning_rate = tf.train.exponential_decay(self.learning_rate,
                                            self.step_count,
                                            self.loss_decay_steps,
                                            self.loss_decay_steps,
                                            staircase = False)
```

```python
# 建置網路

# 第一卷積層
self.conv1 = tf.nn.conv2d(input = tf.reshape(self.input, shape =
(1, self.input_shape[0], self.input_shape[1], self.input_shape[2])), filter
= self.features1, strides = [1, self.stride, self.stride, 1], padding =
"VALID")
self.relu1 = tf.nn.relu(self.conv1)
self.pool1 = tf.nn.max_pool(self.relu1, ksize = [1, self.poolsize,
self.poolsize, 1], strides = [1, self.stride, self.stride, 1], padding =
"SAME")

# 第二卷積層
self.conv2 = tf.nn.conv2d(input = self.pool1, filter =
self.features2, strides = [1, self.stride, self.stride, 1], padding =
"VALID")
self.relu2 = tf.nn.relu(self.conv2)
self.pool2 = tf.nn.max_pool(self.relu2, ksize = [1, self.poolsize,
self.poolsize, 1], strides = [1, self.stride, self.stride, 1], padding =
"SAME")
# 第三卷積層
self.conv3 = tf.nn.conv2d(input = self.pool2, filter =
self.features3, strides = [1, self.stride, self.stride, 1], padding =
"VALID")
self.relu3 = tf.nn.relu(self.conv3)
self.pool3 = tf.nn.max_pool(self.relu3, ksize = [1, self.poolsize,
self.poolsize, 1], strides = [1, self.stride, self.stride, 1], padding =
"SAME")

# 加入 dropout 並重新設定輸入外形
self.drop1 = tf.nn.dropout(self.pool3, self.dropout_probability[0])
self.reshaped_input = tf.reshape(self.drop1, shape = [1, -1])


# 建置循環神經網路，會以卷積網路的最後一層作為輸入
self.h = tf.tanh(tf.matmul(self.reshaped_input, self.rW) +
tf.matmul(self.h, self.rU) + self.rb)
self.o = tf.nn.softmax(tf.matmul(self.h, self.rV) + self.rc)

# 在 RNN 中加入 dropout
self.drop2 = tf.nn.dropout(self.o, self.dropout_probability[1])
# 將 RNN 的結果送給前饋層
self.output = tf.reshape(tf.matmul(self.drop2, self.fW) + self.fb,
shape = [-1, 1])
self.prediction = tf.argmax(self.output)

# 計算損失
self.loss = tf.reduce_mean(tf.square(self.target_vector - self.output))
# 使用 Adam 最佳器將誤差降到最低
```

```
self.optimizer = tf.train.AdamOptimizer(self.learning_rate)
# 計算損失的梯度並更新梯度
self.gradients = self.optimizer.compute_gradients(self.loss)
self.update = self.optimizer.apply_gradients(self.gradients)

self.parameters = (self.features1, self.features2, self.features3,
                   self.rW, self.rU, self.rV, self.rb, self.rc,
                   self.fW, self.fb)
```

接著定義 ExperienceReplay 類別來實作經驗回放緩衝。我們會把所有代理的經驗，也就是狀態、動作與獎勵放入經驗回放緩衝，接著就取樣這一小份經驗來訓練網路：

```
class ExperienceReplay():
    def __init__(self, buffer_size):
        # 儲存轉移的緩衝
        self.buffer = []
        # 緩衝大小
        self.buffer_size = buffer_size
    # 如果緩衝滿了就移除舊的轉移。可把緩衝視為佇列，新的進來時，舊的就出去
    def appendToBuffer(self, memory_tuplet):
        if len(self.buffer) > self.buffer_size:
            for i in range(len(self.buffer) - self.buffer_size):
                self.buffer.remove(self.buffer[0])
        self.buffer.append(memory_tuplet)
    # 定義 sample 函式來隨機取樣 n 個轉移
    def sample(self, n):
        memories = []
        for i in range(n):
            memory_index = np.random.randint(0, len(self.buffer))
            memories.append(self.buffer[memory_index])
        return memories
```

現在定義用於訓練網路的 train 函式：

```
def train(num_episodes, episode_length, learning_rate, scenario = "deathmatch.
cfg", map_path = 'map02', render = False):
    # 計算 Q 值的折扣因子
    discount_factor = .99
    # 更新緩衝中經驗的頻率
    update_frequency = 5
    store_frequency = 50
    # 顯示輸出結果
    print_frequency = 1000
```

```python
# 初始化儲存總獎勵與總損失的變數
total_reward = 0
total_loss = 0
old_q_value = 0

# 初始化儲存世代獎勵的清單
rewards = []
losses = []

# 好，來看看動作！
# 首先初始化遊戲環境
game = DoomGame()
# 指定情境檔案路徑
game.set_doom_scenario_path(scenario)
# 指定地圖檔路徑
game.set_doom_map(map_path)

# 設定螢幕解析度與格式
game.set_screen_resolution(ScreenResolution.RES_256X160)
game.set_screen_format(ScreenFormat.RGB24)

# 設定以下參數為 true/false 來加入粒子與效果
game.set_render_hud(False)
game.set_render_minimal_hud(False)
game.set_render_crosshair(False)
game.set_render_weapon(True)
game.set_render_decals(False)
game.set_render_particles(False)
game.set_render_effects_sprites(False)
game.set_render_messages(False)
game.set_render_corpses(False)
game.set_render_screen_flashes(True)

# 指定代理可用的按鈕
game.add_available_button(Button.MOVE_LEFT)
game.add_available_button(Button.MOVE_RIGHT)
game.add_available_button(Button.TURN_LEFT)
game.add_available_button(Button.TURN_RIGHT)
game.add_available_button(Button.MOVE_FORWARD)
game.add_available_button(Button.MOVE_BACKWARD)
game.add_available_button(Button.ATTACK)
# 好，再加入一個名為 delta 的按鈕。上述按鈕作用類似鍵盤，所以只會回傳布林值
# 因此使用 delta 按鈕來模擬滑鼠來回傳正負數
# 這有助於探索環境
game.add_available_button(Button.TURN_LEFT_RIGHT_DELTA, 90)
game.add_available_button(Button.LOOK_UP_DOWN_DELTA, 90)

# 初始化動作陣列
actions = np.zeros((game.get_available_buttons_size(),
```

```
game.get_available_buttons_size()))
    count = 0
    for i in actions:
        i[count] = 1
        count += 1
    actions = actions.astype(int).tolist()


    # 遊戲變數，裝甲、生命值與殺敵數
    game.add_available_ game _variable(game Variable.AMMO0)
    game.add_available_ game _variable(game Variable.HEALTH)
    game.add_available_ game _variable(game Variable.KILLCOUNT)

    # 設定 episode_timeout 在數個時間步驟後停止該世代
    # 另外也設定 episode_start_time，有助於跳過初始事件
    game.set_episode_timeout(6 * episode_length)
    game.set_episode_start_time(10)
    game.set_window_visible(render)
    # 設定 set_sound_enable 為 true 來啟用音效
    game.set_sound_enabled(False)

    # 設定生存獎勵為 0，即便動作沒有實際作用，代理還是可以每走一步就收到獎勵
    game.set_living_reward(0)

    # doom 有多種模式，包含玩家 (player)，旁觀者 (spectator)，
    # 非同步玩家 (asynchronous player) 與非同步旁觀者 (asynchronous spectator)
    # 在旁觀者模式中，人類來玩遊戲，代理從中學習
    # 在玩家模式中，代理會實際玩遊戲，所以要設定為玩家模式
    game.set_mode(Mode.Player)

    # 現在初始化遊戲環境
    game.init()

    # 建立一個 DRQN 類別的實例，以及 actor 與目標 DRQN 網路
    actionDRQN = DRQN((160, 256, 3), game.get_available_buttons_size() - 2,
learning_rate)
    targetDRQN = DRQN((160, 256, 3), game.get_available_buttons_size() - 2,
learning_rate)
    # 建立一個 ExperienceReplay 類別的實例 class，緩衝大小為 1000
    experiences = ExperienceReplay(1000)

    # 儲存模型
    saver = tf.train.Saver({v.name: v for v in actionDRQN.parameters},
max_to_keep = 1)

    # 開始訓練過程
    # 初始化由經驗緩衝中取樣與儲存轉移的變數
    sample = 5
    store = 50
    # 開始 tensorflow 階段
```

```python
with tf.Session() as sess:
    # 初始化所有 tensorflow 變數
    sess.run(tf.global_variables_ initializer())
    for episode in range(num_episodes):
        # 開始新世代
        game.new_episode()
        # 在世代中進行遊戲直到世代結束
        for frame in range(episode_length):
            # 取得遊戲狀態
            state = game.get_state()
            s = state.screen_buffer
            # 選擇動作
            a = actionDRQN.prediction.eval(feed_dict =
{actionDRQN.input: s})[0]
            action = actions[a]
            # 執行動作與儲存獎勵
            reward = game.make_action(action)
            # 更新總獎勵
            total_ reward += reward

            # 如果世代結束則中斷迴圈
            if game.is_episode_finished():
                break
            # 將轉移儲存到經驗緩衝中
            if (frame % store) == 0:
                experiences.appendToBuffer((s, action, reward))

            # 從經驗緩衝中取樣經驗
            if (frame % sample) == 0:
                memory = experience s.sample(1)
                mem_frame = memory[0][0]
                mem_reward = memory[0][2]
                # 現在開始訓練網路
                Q1 = actionDRQN.output.eval(feed_dict =
{actionDRQN.input: mem_frame})
                Q2 = targetDRQN.output.eval(feed_dict =
{targetDRQN.input: mem_frame})

                # 設定學習率
                learning _rate = actionDRQN. learning _rate.eval()

                # 計算 Q 值
                Qtarget = old_q_value + learning _rate * (mem_reward +
discount_factor * Q2 - old_q_value)
                # 更新舊的 Q 值
                old_q_value = Qtarget

                # 計算損失
                loss = actionDRQN.loss.eval(feed_dict =
```

```
{actionDRQN.target_vector: Qtarget, actionDRQN.input: mem_frame})
                # 更新總損失
                total_loss += loss

                # 更新兩個網路
                actionDRQN.update.run(feed_dict =
{actionDRQN.target_vector: Qtarget, actionDRQN.input: mem_frame})
                targetDRQN.update.run(feed_dict =
{targetDRQN.target_vector: Qtarget, targetDRQN.input: mem_frame})

            rewards.append((episode, total_reward))
            losses.append((episode, total_loss))

            print("Episode %d - Reward = %.3f, Loss = %.3f." % (episode,
total_reward, total_loss))

            total_reward = 0
            total_loss = 0
```

在此要訓練 10000 個世代，每個世代長度為 300：

```
train(num_episodes = 10000, episode_length = 300, learning_rate = 0.01,
render = True)
```

執行程式時會看到如下的畫面，你就能知道代理是如何在世代中學習：

 **DARQN**

我們加入了一層循環層來取得時間相依性，藉此改良這個 DQN 架構，這就稱為 DRQN。你覺得 DRQN 架構還能再改良嗎？當然可以，在卷積層之上再加一層專注層來進一步改良 DRQN 架構。那麼，這個專注層的功能又是什麼呢？專注（attention）的意義不言自明，這個專注機制廣泛用於影像標註、物件偵測等等。以神經網路來進行影像標註為例；為了理解影像中有什麼，網路需要專注影像中的特定物件才能產生標題。

同樣地，在 DRQN 中加入專注層時，我們可以選定並專注在影像中的數個小區域，這會減少網路中的參數數量，還有訓練時間與測試時間。與 DRQN 不同之處在於，DARQN 中的 LSTM 層不只會儲存先前狀態的資訊來選擇最佳動作；它還會儲存下次要聚焦在影像哪個區域的相關決策資訊。

⊙ DARQN 的架構

DARQN 的架構如下：

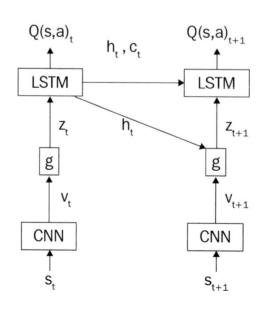

它包含了三層：卷積層、專注層與 LSTM 循環層。遊戲畫面就是輸入卷積網路的影像。卷積網路會處理影像並產生特徵圖，這個特徵圖接著被送到專注層。專注層會把它們轉換為向量並以其線性結合作為輸出，稱為上下文向量（context vector）。這個向量與先前的隱藏狀態會被傳到 LSTM 層。LSTM 層會輸出兩個結果：第一個是用來決定在該狀態要執行哪個動作的 Q 值，另一個則可讓專注網路決定在下一個時間步驟時要聚焦在影像的哪一個區域，藉此產生更好的上下文向量。

在此有兩種不同的專注機制：

- **軟性專注（Soft attention）**：由卷積層所產生的特徵圖會做為專注層的輸入並接續產生上下文向量。使用軟性專注時，這些向量就等於由卷積層所產生所有輸出（特徵圖）的權重平均。權重則是根據各特徵重要性來決定。

- **硬性專注（Hard attention）**：如果是硬性專注，我們在某個時間步驟 t 中，只會根據某種位置選擇策略 π 去關注影像中的某個位置。本策略是由神經網路來呈現，其權重為策略參數，網路輸出則是某個位置被選中的機率。不過，硬性專注的表現還是比軟性專注來得差一點。

 ## 總結

本章中介紹了如何運用 DRQN 來記得先前狀態的資訊，以及它如何處理部分可觀察 MDP 的問題。我們學會了如何運用 DRQN 演算法訓練代理來玩毀滅戰士遊戲。另外還知道了可說是 DRQN 加強版的 DAQRN，在卷積層之上再加入了一個專注層，延續下來還認識了兩種類型的專注機制，也就是軟性與硬性專注機制。

下一章，第 10 章「非同步優勢動作評價網路」會學到另一個有趣的深度強化學習演算法，叫做非同步優勢動作評價（A3C）網路。

問題

本章問題如下：

1. DQN 與 DRQN 的差異為何？

2. DQN 的劣勢在哪？

3. 如何在 DQN 中設定經驗回放？

4. DRQN 與 DARQN 的差異為何？

5. 為什麼要用到 DARQN？

6. 有哪些不同類型的專注機制？

7. 為什麼在毀滅戰士遊戲中要設定生存獎勵？

延伸閱讀

請參考以下文章來加強相關知識：

- **DRQN 文章**：https://arxiv.org/pdf/1507.06527.pdf

- **使用 DRQN 來玩 FPS 類型遊戲**：https://arxiv.org/pdf/1609.05521.pdf

- **DARQN 文章**：https://arxiv.org/pdf/1512.01693.pdf

非同步優勢動作評價網路

在先前章節中，我們知道了**深度 Q 網路（DQN）**真的很酷，也認識了它如何將自身的學習一般化來達到人類玩家水準的玩 Atari 電玩遊戲。但它面臨的問題是需要大量的運算能力與訓練時間。因此，Google 的 DeepMind 公司推出了名為**非同步優勢動作評價（Asynchronous Advantage Actor Critic，A3C）**的新演算法，由於所需的運算能力與訓練時間都較少，因此優於其他的深度強化學習演算法。A3C 的主要概念是運用多個代理來平行學習，並聚合所有的經驗。本章會帶你認識 A3C 網路的運作方式。接著，會介紹如何製作能運用 A3C 來爬山的代理。

本章學習重點如下：

- 非同步優勢動作評價演算法
- 三個 A 的意義
- A3C 的架構

- A3C 的運作方式
- 運用 A3C 來爬山
- 在 TensorBoard 中視覺化呈現

非同步優勢動作評價

A3C 網路的問世有如旋風一般，馬上就取代了 DQN。它的強項除了先前談過的那些之外，它的準確度也比其他演算法更好。它適用於連續型與離散型動作空間。透過多個代理，每個代理都運用不同的探索策略在真實環境的副本中來平行學習。接著，由這些代理所收集到的經驗會被聚合起來並送給全域代理，這個全域代理也稱為主網路（master）網路或全域網路，其他代理也稱工人（worker）。現在來深入理解 A3C 的運作方式，以及它與其他 DQN 演算法有何不同。

◉ 三個 A

深入認識之前，A3C 到底是什麼意思？這三個 A 分別代表什麼呢？

A3C 的第一個 A 是**非同步（Asynchronous）**；暗示了它的運作方式。以往是使用單一代理去試著學會最佳策略（DQN 就是這麼做），現在的狀況是有多個代理來與環境互動。也正因為有多個代理同時來與環境互動，我們得提供環境的複本給所有代理，這樣每個代理才能與各自的環境複本來互動。因此這裡所有的代理都稱為工人代理，另外還有一個稱為全域網路的代理，其他所有的代理都要向它回報。全域網路負責聚合大家的學習。

第二個 A 是**優勢（Advantage）**；先前在討論 DQN 的競爭網路架構時，已經介紹過了何謂優勢函數。優勢函數可定義為 Q 函數與價值函數的差。我們已經知道，Q 函數代表某個動作在狀態中的良好程度，而價值函數則代表某個狀態的良好程度。直覺思考一下，這兩者的差到底代表什麼東西？它能告訴我們，相較於其他所有動作，某個代理在狀態 s 中執行動作 a 的良好程度。

第三個 A 則是**動作評價（Actor Critic）**；這個架構有兩種不同類型的網路：行動者（actor）與評價者（critic）。行動者的角色是學會某個策略，評價者則負責評估行動者學會的策略有多好。

◉ A3C 的架構

現在來看看 A3C 的架構，如下圖：

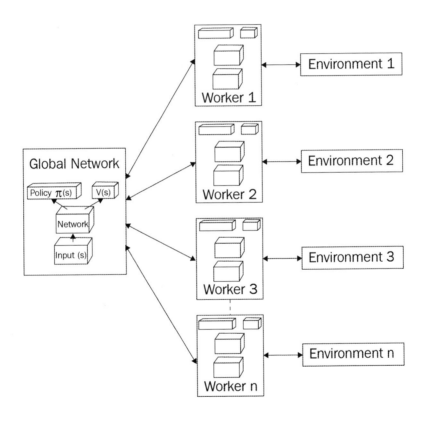

只要看看上圖就能理解 A3C 的運作方式。如前所述，有多個工人代理，各自與其環境複本來互動。工人會去學習指定策略並計算策略損失的梯度，並將梯度更新到全域網路上。這個全域網路會被所有代理同步更新。與 DQN 不同，A3C 的強項之一在於它不必用到經驗回放記憶。事實上，這就是 A3C 網路最大的優勢之一了。由於我們有多個代理在與環境互動，藉此不斷把資訊聚合到整體網路中，這樣經驗之間的關聯性就會很低或根本為零。經驗回放會用到大量的記憶體來存放所有經驗。由於 A3C 不需要這個，我們就能省下相當可觀的儲存空間與運算時間了。

◉ A3C 的運作原理

首先，工人代理會重置全域網路，然後開始與環境互動。各工人遵循不同的探索策略來學習最佳策略。接著，它們計算價值與策略損失，計算該損失的梯度，最後把梯度更新到全域網路。這個工作流程是從工人代理重置全域網路時起算，並不斷重複相同的步驟。在進入價值與策略損失函數之前，先來看看如何計算優勢函數。如前所述，優勢函數為 Q 函數與價值函數兩者之差：

$$A(s,a) = Q(s,a) - V(s)$$

由於我們不會在 A3C 中計算 Q 值，我們用折扣後回報作為 Q 值的估計值。折扣後回報 R 的表示方式如下：

$$R = r_n + \gamma r_{n-1} + \gamma^2 r_{n-2}$$

用折扣後的回報 R 來取代 Q 函數，如下：

$$A(s,a) = R - V(s)$$

現在將價值損失表示為折扣後回報與狀態價值的差平方總和：

$$ValueLoss(L_v) = \sum (R - V(s))^2$$

策略損失可定義如下：

$$PolicyLoss(L_p) = Log(\pi(s)) * A(s) * \beta H(\pi)$$

好啦，新名詞 $H(\pi)$ 又是什麼？它代表熵（entropy），是用來確保策略中能有足夠多的探索行為。熵可以告訴我們動作機率的分布情況。當熵值很高時，所有動作的機率都會相同，因此代理就無法確定要執行哪個動作，而當熵值降低時，有些動作的機率就會高於其他動作，這樣代理就會去挑選機率較高的動作。因此，在損失函數中加入熵，不但能鼓勵代理進一步去探索，還能避免被區域最佳值卡住。

使用 A3C 來爬山

在此用一台爬山小車範例來理解 A3C。代理就是這台小車，並放置在兩座山之間。代理的目標是爬上右側的小山。不過，小車無法一次就開上去，它得來回幾趟才能累積足夠的動量。如果代理用了較少能量就順利爬上山坡，就會給它較高的獎勵。本段程式碼感謝 Stefan Boschenriedter（https://github.com/stefanbo92/A3C-Continuous）。整體環境如下：

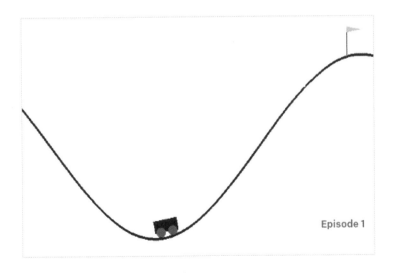

Episode 1

好的，來看看程式吧！你可由以下連結取得 Jupyter notebook 格式（包含說明）的完整程式碼：https://github.com/sudharsan13296/Hands-On-Reinforcement-Learning-With-Python/blob/master/10.%20Aysnchronous%20Advantage%20Actor%20Critic%20Network/10.5%20Drive%20up%20the%20Mountain%20Using%20A3C.ipynb（短網址：https://bit.ly/2Tydff0）。

首先匯入所需的函式庫：

```python
import gym
import multiprocessing
import threading
import numpy as np
import os
import shutil
import matplotlib.pyplot as plt
import tensorflow as tf
```

初始化所有參數：

```python
# 工人代理的數量
no_of_workers = multiprocessing.cpu_count()

# 每個世代的步驟數量上限
no_of_ep_steps = 200

# 世代總數
no_of_episodes = 2000

global_net_scope = 'Global_Net'

# 設定 global 網路的更新速度
update_global = 10

# 折扣因子
gamma = 0.90

# entropy 因子
entropy_beta = 0.01

# actor 的學習率
lr_a = 0.0001

# critic 的學習率
```

```
lr_c = 0.001

# 是否彩現環境
render=False

# 儲存紀錄的目錄
log_dir = 'logs'
```

初始化 MountainCar 環境：

```
env = gym.make('MountainCarContinuous-v0')
env.reset()
```

取得 states、actions 與 action_bound 的數量：

```
no_of_states = env.observation_space.shape[0]
no_of_actions = env.action_space.shape[0]
action_bound = [env.action_space.low, env.action_space.high]
```

我們在 ActorCritic 類別中定義 Actor Critic 網路。一如往常，先來認識
類別中的所有函式的程式碼，最後再整體來看。有加入了註解來幫助你理
解，最後再看無註解的完整程式碼：

```
class ActorCritic(object):
    def __init__(self, scope, sess, globalAC=None):
        # 首先針對 actor 與 critic 網路，初始化階段與 RMS prop optimizer
        self.sess=sess
        self.actor_optimizer = tf.train.RMSPropOptimizer(lr_a,
name='RMSPropA')
        self.critic_optimizer = tf.train.RMSPropOptimizer(lr_c,
name='RMSPropC')

        # 如果網路為全域，則執行以下
        if scope == global_net_scope:
            with tf.variable_scope(scope):
                # 初始化狀態並建置 actor 與 critic 網路
                self.s = tf.placeholder(tf.float32, [None, no_of_states], 'S')

                # 取得 actor 與 critic 網路的餐數
                self.a_params, self.c_params = self._build_net(scope)[-2:]
        # 如果網路為本地端
        else:
            with tf.variable_scope(scope):
```

```python
        # 初始化狀態、動作，並初始化目標值為 v_target
        self.s = tf.placeholder(tf.float32, [None, no_of_states], 'S')
        self.a_his = tf.placeholder(tf.float32, [None, no_of_actions], 'A')
        self.v_target = tf.placeholder(tf.float32, [None, 1], 'Vtarget')
        # 由於是在連續型動作空間，因此要計算平均值與變異數來選擇動作
        mean, var, self.v, self.a_params, self.c_params =
    self._build_net(scope)

        # 計算 td 誤差，就是 v_target - v
        td = tf.subtract(self.v_target, self.v, name='TD_error')

        # TD 誤差最小化
        with tf.name_scope('critic_loss'):
            self.critic_loss = tf.reduce_mean(tf.square(td))

        # 更新 mean 值為平均值與動作邊界相乘的結果，並將 var 累加 1e-4

        with tf.name_scope('wrap_action'):
            mean, var = mean * action_bound[1], var + 1e-4
        # 使用更新後的 mean 與 var 來產生分配
        normal_dist = tf.contrib.distributions.Normal(mean, var)
        # 使用損失函數來計算 actor 損失
        with tf.name_scope('actor_loss'):
            # 計算損失，就是 log(pi(s))
            log_prob = normal_dist.log_prob(self.a_his)
            exp_v = log_prob * td
            # 由 action 分配來計算熵值以確保探索
            entropy = normal_dist.entropy()
            # 最終損失如下
            self.exp_v = exp_v + entropy_beta * entropy
            # 試著將損失最小化
            self.actor_loss = tf.reduce_mean(-self.exp_v)
        # 從機率分配中抽取一個動作，並調整讓它落在動作邊界之間
        with tf.name_scope('choose_action'):
            self.A =
    tf.clip_by_value(tf.squeeze(normal_dist.sample(1), axis=0),
    action_bound[0], action_bound[1])
            # 計算 actor 與 critic 網路的梯度
            with tf.name_scope('local_grad'):

                self.a_grads = tf.gradients(self.actor_loss,
    self.a_params)
                self.c_grads = tf.gradients(self.critic_loss,
    self.c_params)
        # 更新全域網路權重
        with tf.name_scope('sync'):
            # 使用 tf.name_scope('pull') 將 global 網路的權重拉給本地網路：
                self.pull_a_params_op = [l_p.assign(g_p) for l_p, g_p
    in zip(self.a_params, globalAC.a_params)]
```

```
                    self.pull_c_params_op = [l_p.assign(g_p) for l_p, g_p
in zip(self.c_params, globalAC.c_params)]
                # 將本地梯度推向 global 網路：
                with tf.name_scope('push')
                    self.update_a_op =
self.actor_optimizer.apply_gradients(zip(self.a_grads, globalAC.a_params))
                    self.update_c_op =
self.critic_optimizer.apply_gradients(zip(self.c_grads, globalAC.c_params))


    # 定義 _build_net 函式來建置 actor 與 critic 網路
    def _build_net(self, scope):
    # 初始化權重
        w_init = tf.random_normal_initializer(0., .1)
        with tf.variable_scope('actor'):
            l_a = tf.layers.dense(self.s, 200, tf.nn.relu6,
kernel_initializer=w_init, name='la')
            mean = tf.layers.dense(l_a, no_of_actions,
tf.nn.tanh,kernel_initializer=w_init, name='mean')
            var = tf.layers.dense(l_a, no_of_actions, tf.nn.softplus,
kernel_initializer=w_init, name='var')
        with tf.variable_scope('critic'):
            l_c = tf.layers.dense(self.s, 100, tf.nn.relu6,
kernel_initializer=w_init, name='lc')
            v = tf.layers.dense(l_c, 1, kernel_initializer=w_init, name='v')
        a_params = tf.get_collection(tf.GraphKeys.TRAINABLE_VARIABLES,
scope=scope + '/actor')
        c_params = tf.get_collection(tf.GraphKeys.TRAINABLE_VARIABLES,
scope=scope + '/critic')
        return mean, var, v, a_params, c_params
    # 更新本地梯度於全域網路
    def update_global(self, feed_dict):
        self.sess.run([self.update_a_op, self.update_c_op], feed_dict)
    # 取得 global 網路參數並丟給本地網路
    def pull_global(self):
        self.sess.run([self.pull_a_params_op, self.pull_c_params_op])
    # 選擇動作
    def choose_action(self, s):
        s = s[np.newaxis, :]
        return self.sess.run(self.A, {self.s: s})[0]
```

初始化 Worker 類別：

```
class Worker(object):
    def __init__(self, name, globalAC, sess):
        # 初始化各工人的環境
        self.env = gym.make('MountainCarContinuous-v0').unwrapped
        self.name = name
```

```
        # 針對各個工人建立 ActorCritic 代理
        self.AC = ActorCritic(name, sess, globalAC)
        self.sess=sess
    def work(self):
        global global_rewards, global_episodes
        total_step = 1

        # 儲存狀態、動作、獎勵
        buffer_s, buffer_a, buffer_r = [], [], []
        # 如果 coordinator 為活躍且 global episode 小於世代數量上限
        # 就重複執行以下內容
        while not coord.should_stop() and global_episodes < no_of_episodes:
            # 藉由重置來初始化環境
            s = self.env.reset()
            # 儲存世代獎勵
            ep_r = 0
            for ep_t in range(no_of_ep_steps):
                # 彩現工人 1 的環境
                if self.name == 'W_0' and render:
                    self.env.render()
                # 根據策略來選擇動作
                a = self.AC.choose_action(s)

                # 執行動作 (a)、接收獎勵 (r) 並移到下一個狀態 (s_)
                s_, r, done, info = self.env.step(a)
                # 如果達到世代步驟數量上限,將 done 設為 true
                done = True if ep_t == no_of_ep_steps - 1 else False
                ep_r += r
                # 將狀態、動作與獎勵儲存於緩衝中
                buffer_s.append(s)
                buffer_a.append(a)
                # 正規化獎勵
                buffer_r.append((r+8)/8)
                # 在一定時間步驟次數後更新全域網路
                if total_step % update_global == 0 or done:
                    if done:
                        v_s_ = 0
                    else:
                        v_s_ = self.sess.run(self.AC.v, {self.AC.s:
s_[np.newaxis, :]})[0, 0]
                        # 目標 v 的緩衝
                        buffer_v_target = []
                        for r in buffer_r[::-1]:
                            v_s_ = r + gamma * v_s_
                            buffer_v_target.append(v_s_)
                        buffer_v_target.reverse()
                        buffer_s, buffer_a, buffer_v_target =
np.vstack(buffer_s), np.vstack(buffer_a), np.vstack(buffer_v_target)
                        feed_dict = {
```

```
                                self.AC.s: buffer_s,
                                self.AC.a_his: buffer_a,
                                self.AC.v_target: buffer_v_target,
                                }
                    # 更新全域網路
                    self.AC.update_global(feed_dict)
                    buffer_s, buffer_a, buffer_r = [], [], []
                    # 將全域參數丟給本地的 ActorCritic
                    self.AC.pull_global()
                s = s_
                total_step += 1
                if done:
                    if len(global_rewards) < 5:
                        global_rewards.append(ep_r)
                    else:
                        global_rewards.append(ep_r)
                        global_rewards[-1] =(np.mean(global_rewards[-5:]))
                    global_episodes += 1
                    break
```

啟動 TensorFlow 階段並執行本模型：

```
# 建立清單來儲存全域獎勵與全域世代
global_rewards = []
global_episodes = 0

# 啟動 tensorflow 階段
sess = tf.Session()

with tf.device("/cpu:0"):
# 建立 ActorCritic 類別的實例
    global_ac = ActorCritic(global_net_scope,sess)
    workers = []
    # 每個工人都跑一次
    for i in range(no_of_workers):
        i_name = 'W_%i' % i
        workers.append(Worker(i_name, global_ac,sess))

coord = tf.train.Coordinator()
sess.run(tf.global_variables_initializer())

# 記錄所有東西，以便可在 tensorboard 中視覺化這個圖

if os.path.exists(log_dir):
    shutil.rmtree(log_dir)

tf.summary.FileWriter(log_dir, sess.graph)
```

```
worker_threads = []

# 工人開始

for worker in workers:

    job = lambda: worker.work()
    t = threading.Thread(target=job)
    t.start()
    worker_threads.append(t)
coord.join(worker_threads)
```

輸出畫面如下。執行程式看看，你會看到代理如何在數個世代之後學會爬山：

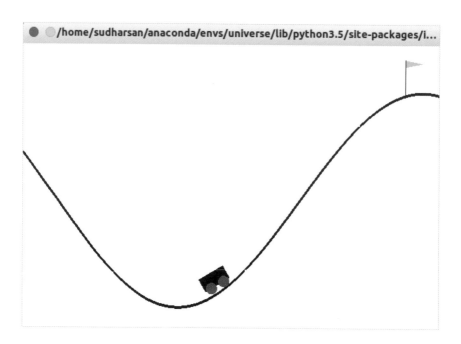

◉ 在 TensorBoard 中來視覺化呈現

現在要在 TensorBoard 中將網路視覺化呈現。請開啟終端機並輸入以下指令來啟動 TensorBoard：

```
tensorboard --logdir=logs --port=6007 --host=127.0.0.1
```

這就是我們的 A3C 網路，有一個全域網路與四個工人：

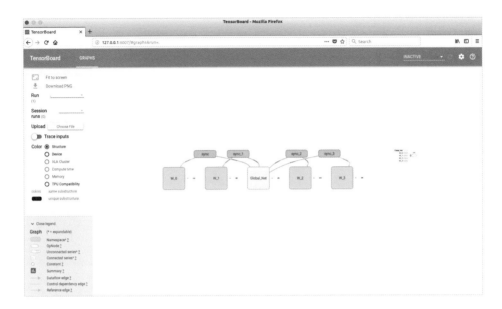

展開全域網路，會看到其下還有一個 actor 與 critic：

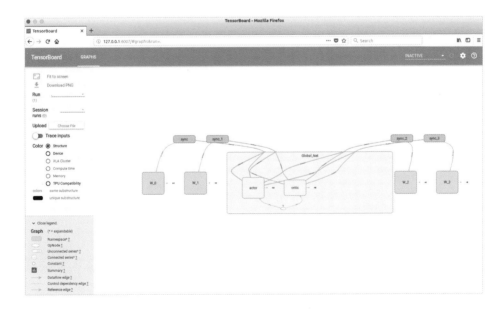

好啦，工人究竟在幹嘛呢？現在展開 worker 網路就能看到各個 worker 節點的內容了：

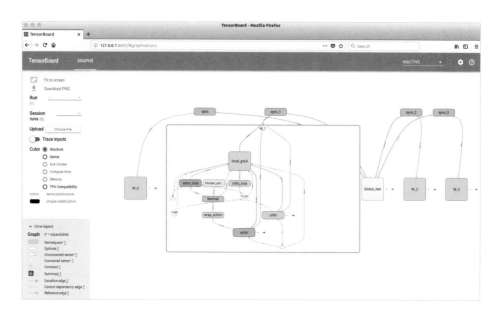

sync 節點又是什麼，它做了哪些事情？sync 節點會把本地梯度由本地網路推向全域網路，並把全域梯度從全域網路拉回本地網路：

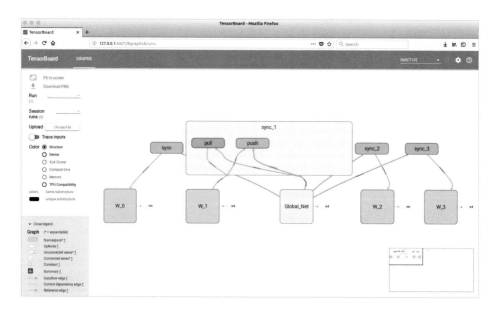

總結

我們在本章認識了 A3C 網路的運作方式。在 A3C 中，Asynchronous 代表多個代理是透過與多個環境複來互動來獨立運作，Advantage 則代表優勢函數，就是 Q 函數與價值函數兩者之差，最後 Actor Critic 則是指 Actor Critic 網路，其中 actor 網路負責產生一個策略，critic 網路則會評估 actor 網路所產生的策略到底好不好。我們也認識了 A3C 的運作方式，並運用演算法來解決小車爬坡問題。

下一章，第 11 章「策略梯度與最佳化」中會介紹策略梯度方法，不需要 Q 函數就能直接進行策略最佳化。

問題

本章問題如下：

1. A3C 是什麼？

2. 這三個 A 分別代表什麼呢？

3. 請說明一項 A3C 勝過 DQN 的地方。

4. 全域與工人節點兩者有何不同？

5. 如何將熵運用於損失函數？

6. 請說明 A3C 的運作原理。

延伸閱讀

請參考以下文章：

- **A3C 論文**：
  https://arxiv.org/pdf/1602.01783.pdf

- **視覺增強 A3C**：
  http://cs231n.stanford.edu/reports/2017/pdfs/617.pdf

策略梯度與最佳化

前三章中，我們學會了幾種深度強化學習演算法，例如**深度 Q 網路（DQN）、深度循環 Q 網路（DRQN）**與**非同步優勢動作評價網路（Asynchronous Advantage Actor Critic，A3C）**。不論是哪種演算法，目標都是找到正確策略以將獎勵最大化。我們使用 Q 函數來找出最佳策略，因為它會告訴我們在某個狀態中最佳的動作為何。想想看，是否可以不透過 Q 函數就直接找到最佳策略呢？當然可以，例如策略梯度方法就不需要 Q 函數即可找出最佳策略。

本章會深入認識何謂策略梯度（policy gradients），也會介紹不同的策略梯度方法，例如深度確定性策略梯度（deterministic），接著是最新的策略最佳化方法，例如信賴域策略最佳化與近端策略最佳化。

本章學習重點如下：

- 策略梯度

- 使用策略梯度降落月球表面

- 深度確定性策略梯度

- 使用**深度確定性策略梯度（DDPG）**來搖動單擺

- 信賴域策略最佳化

- 近端策略最佳化

策略梯度

策略梯度是**強化學習**領域中最神奇的演算法之一了，可以直接透過調整某些參數 θ 來將策略最佳化。到目前為止，我們都是使用 Q 函數來找出最佳策略，現在要來看看如何不透過它也能找出最佳策略。首先，定義策略函數為 $\pi(a|s)$，這是在指定狀態 s 中採取某個動作 a 的機率。我們藉由參數 θ 將策略參數化，表示為 $\pi(a|s;\theta)$，這樣就能在指定狀態中判斷何者為最佳動作。

策略梯度方法的優點很多，它還可以處理動作與狀態皆為無限的連續型動作空間。以自動駕駛車來說，車子應該要在不會撞到其他車子的前提下持續移動。如果車子撞到其他車子，就給它負面獎勵，反之如果沒有撞到任何其他車子，就給它正面獎勵。如果車子沒有撞到其他車子就給它正向獎勵，我們是藉由這種方式來更新模型參數。這就是策略梯度的基本概念：以獎勵最大化的方式來更新模型參數。現在來深入理解。

我們使用稱為策略網路的神經網路來找出最佳策略。策略網路的輸入為狀態，輸出則是該狀態中各動作的機率。只要得知這個機率，就能從機率分配中去取樣某個動作，並在狀態中執行該動作。不過我們所取樣的動作不一定是該狀態所要執行的正確動作。沒關係—還是執行動作並儲存獎勵。同樣地，我們從機率分配中抽樣動作來在各狀態中執行對應的動作，最後儲存獎勵。現在這就是我們的訓練資料了。接著執行梯度下降並更新梯度，這樣會使得在某個狀態中能收到較高獎勵的動作，其機率會較高，而收到較低獎勵的動作，其機率也較低。那麼，損失函數（loss function）又是什麼呢？在此運用 softmax 交叉熵損失（cross entropy loss），接著把損失與獎勵值相乘即可。

◉ 使用策略梯度來玩月球冒險遊戲

假設代理正在駕駛一台太空車，它的目標是正確降落在降落區中。如果代理（月面探險車）降落得離降落區太遠，它會失去獎勵，如果代理墜毀或被卡住，該世代就結束。環境中的四個獨立動作為無動作、啟動左導向引擎、啟動主引擎與啟動右導向引擎。

現在來看看如訓練代理，讓它透過策略梯度法來正確降落在降落區中。本段程式碼感謝 Gabriel（https://github.com/gabrielgarza/openai-gym-policy-gradient）。

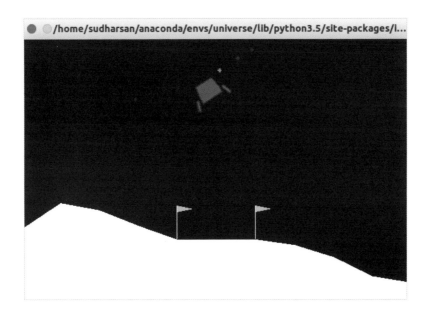

首先匯入所需的函式庫：

```
import tensorflow as tf
import numpy as np
from tensorflow.python.framework import ops
import gym
import numpy as np
import time
```

接著定義 PolicyGradient 類別來實作策略梯度演算法。把這個類別拆開來看看各個函式。你可用 Jupyter notebook 中檢視完整的程式碼：（https://github.com/sudharsan13296/Hands-On-Reinforcement-Learning-With-Python/blob/master/11.%20Policy%20Gradients%20and%20Optimization/11.2%20Lunar%20Lander%20Using%20Policy%20Gradients.ipynb，短網址：https://bit.ly/2IP1zR6）

```python
class PolicyGradient:
    # 定義 __init__ 方法並初始化所有變數

    def __init__(self, n_x,n_y,learning_rate=0.01,reward_decay=0.95):
        # 環境中的狀態數量
        self.n_x = n_x
        # 環境中的動作數量
        self.n_y = n_y
        # 網路的學習率
        self.lr = learning_rate
        # 折扣因子
        self.gamma =reward_decay
        # 初始化 the lists for storing observations,
        # 動作與獎勵
        self.episode_observations, self.episode_actions, 
self.episode_rewards = [], [], []
        # 定義 build_ network 函式來建置神經網路
        self.build_network()
        # 儲存成本，例如損失
        self.cost_history = []
        # 初始化 tensorflow 階段
        self.sess = tf.Session()
        self.sess.run(tf.global_variables_initializer())
```

定義 store_transition 函式來儲存所有轉移，包含 state、action 與 reward。這些資訊可用於訓練網路：

```python
def store_transition(self, s, a, r):
    self.episode_observations.append(s)
    self.episode_rewards.append(r)

    # 將動作儲存為陣列清單
    action = np.zeros(self.n_y)
    action[a] = 1
    self.episode_actions.append(action)
```

定義 choose_action 函式，根據 state 來選擇 action：

```
def choose_action(self, observation):

    # 將 observation 重塑為 (num_features, 1)
    observation = observation[:, np.newaxis]

    # 執行向前傳播來取得 softmax 機率
    prob_weights = self.sess.run(self.outputs_softmax, feed_dict =
{self.X: observation})
        # 使用偏誤樣本來選擇動作，這會回傳已取樣動作的索引值
        action = np.random.choice(range(len(prob_weights.ravel())),
p=prob_weights.ravel())
        return action
```

定義 build_network 函式來建置神經網路：

```
    def build_network(self):
        # 輸入 x 與輸出 y 的佔位符
        self.X = tf.placeholder(tf.float32, shape=(self.n_x, None),
name="X")
        self.Y = tf.placeholder(tf.float32, shape=(self.n_y, None),
name="Y")
        # 獎勵的佔位符
        self.discounted_episode_rewards_norm = tf.placeholder(tf.float32,
[None, ], name="actions_value")

        # 建置三層的神經網路，兩層隱藏層與一個輸入層
        # 隱藏層的神經元數量
        units_layer_1 = 10
        units_layer_2 = 10
        # 輸出層的神經元數量
        units_output_layer = self.n_y
        # 初始化權重與偏差值，使用 tensorflow 的 tf.contrib.layers.xavier_initializer
        W1 = tf.get_variable("W1", [units_layer_1, self.n_x], initializer =
tf.contrib.layers.xavier_initializer(seed=1))
        b1 = tf.get_variable("b1", [units_layer_1, 1], initializer =
tf.contrib.layers.xavier_initializer(seed=1))
        W2 = tf.get_variable("W2", [units_layer_2, units_layer_1],
initializer = tf.contrib.layers.xavier_initializer(seed=1))
        b2 = tf.get_variable("b2", [units_layer_2, 1], initializer =
tf.contrib.layers.xavier_initializer(seed=1))
        W3 = tf.get_variable("W3", [self.n_y, units_layer_2], initializer =
tf.contrib.layers.xavier_initializer(seed=1))
        b3 = tf.get_variable("b3", [self.n_y, 1], initializer =
tf.contrib.layers.xavier_initializer(seed=1))
```

```
# 接著執行向前傳播

Z1 = tf.add(tf.matmul(W1,self.X), b1)
A1 = tf.nn.relu(Z1)
Z2 = tf.add(tf.matmul(W2, A1), b2)
A2 = tf.nn.relu(Z2)
Z3 = tf.add(tf.matmul(W3, A2), b3)
A3 = tf.nn.softmax(Z3)

# 如前所述，在輸出層中應用 softmax 觸發函數來取得機率
logits = tf.transpose(Z3)
labels = tf.transpose(self.Y)
self.outputs_softmax = tf.nn.softmax(logits, name='A3')

# 定義損失函數為交叉熵損失
neg_log_prob =
tf.nn.softmax_cross_entropy_with_logits(logits=logits, labels=labels)
    # 獎勵引導之損失
    loss = tf.reduce_mean(neg_log_prob *
self.discounted_episode_rewards_norm)

    # 使用 adam 最佳器將損失降到最小
    self.train_op = tf.train.AdamOptimizer(self.lr).minimize(loss)
```

定義 discount_and_norm_rewards 函式，可以算出折扣後與正規化後的獎勵：

```
def discount_and_norm_rewards(self):
    discounted_episode_rewards = np.zeros_like(self.episode_rewards)
    cumulative = 0
    for t in reversed(range(len(self.episode_rewards))):
        cumulative = cumulative * self.gamma + self.episode_rewards[t]
        discounted_episode_rewards[t] = cumulative

discounted_episode_rewards -= np.mean(discounted_episode_rewards)
discounted_episode_rewards /= np.std(discounted_episode_rewards)
return discounted_episode_rewards
```

現在實際執行學習：

```
def learn(self):
    # 折扣後與正規化後的世代獎勵
    discounted_episode_rewards_norm = self.discount_and_norm_rewards()

    # 訓練網路
    self.sess.run(self.train_op, feed_dict={
        self.X: np.vstack(self.episode_observations).T,
```

```
        self.Y: np.vstack(np.array(self.episode_actions)).T,
        self.discounted_episode_rewards_norm:
discounted_episode_rewards_norm,
    })

    # 重置世代性資料
    self.episode_observations, self.episode_actions,
self.episode_rewards = [], [], []

    return discounted_episode_rewards_norm
```

輸出畫面如下：

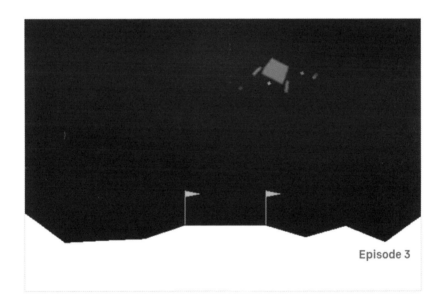

Episode 3

 ## 深度確定性策略梯度

在第 8 章「使用深度 *Q* 網路來玩 *Atari* 遊戲」，我們介紹了 DQN 的運作方式，並運用 DQN 來玩 Atari 電玩遊戲。不過，那些遊戲都是離散型環境，動作的數量是有限的。想像一個連續型環境空間，例如訓練機器人行走；這些環境就不太適用 Q 學習，因為貪婪策略需要在每一步驟都執行大量的

最佳化作業。就算我們把這個連續型環境轉為離散型,但這樣可能遺失重要的特徵並產生非常大量的動作空間。當動作空間太大時就很難收斂。

因此我改用 Actor Critic 這個新的架構,它包含了兩個網路:行動者(Actor)與評價者(Critic)。行動者 - 評價者架構結合了策略梯度與狀態 - 動作值的函數。**行動者**網路的角色是藉由調整參數 θ 來找出該**狀態**中的最佳動作,而**評價者**則負責評估**行動者**所產生的動作。**評價者**是藉由計算 TD 誤差來評估行動者的動作。換言之,我們會在**行動者**網路上執行策略梯度並選擇動作,**評價者**網路再運用 TD 誤差來評估**行動者**網路所產生的動作。Actor Critic 的架構如下:

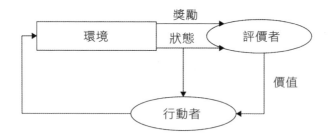

與 DQN 類似,在此也會使用經驗緩衝,透過取樣一小批經驗來訓練行動者與評價者網路。另外還運用了另一組目標行動者與評價者網路來計算損失。

例如,Pong 遊戲就具備了不同尺度的特徵,例如位置與速度等等。我們需要把這些特徵調整為相同的尺度。在此使用稱為批次正規化(batch normalization)的方法來縮放特徵。它可將所有的特徵正規化為單位平均值與變異數。那麼這樣要如何探索新動作呢?在連續型環境中,假設有 n 個動作。為了探索新動作,我們在評價者網路所產生的動作中加入雜訊 N 網路。在此使用 Ornstein-Uhlenbeck 隨機流程來產生雜訊。

現在深入來認識 DDPG 演算法。

假設有兩個網路:行動者網路與評價者網路。行動者網路表示為 $\mu(s;\theta^\mu)$,它會以狀態作為本身的輸入並輸出動作,其中 θ^μ 為行動者網路的權重。評

價者網路則以 $Q(s, a, \theta^Q)$ 來表示,會以一組狀態與動作作為輸入並回傳 Q 值,其中 θ^Q 代表評價者網路的權重。

同樣地,我們把行動者網路與評價者網路的目標網路分別定義為 $\mu(s;\theta^{\mu'})$ 與 $Q(s, a, \theta^{Q'})$,其中 $\theta^{\mu'}$ 與 $\theta^{Q'}$ 分別為目標行動者網路與評價者網路的權重。

我們透過策略梯度來更新行動者網路權重,並透過由 TD 誤差算出來的梯度來更新評價者網路權重。

首先,我們在由行動者網路所產生的動作中,加入探索雜訊 N 來選出某個動作,例如 $\mu(s;\theta^{\mu}) + N$。接著在狀態 s 中執行這個動作、收到獎勵 r 並移動到新狀態 s'。最後把這筆轉移資訊儲存在經驗回放緩衝中。

重複多次之後,從回放緩衝取樣一些轉移並訓練網路,接著計算目標 Q 值 $y_i = r_i + \gamma Q'(s_{i+1}, \mu'(s_{i+1}|\theta^{\mu'})|\theta^{Q'})$。TD 誤差計算如下:

$$L = \frac{1}{M} \sum_i (y_i - Q(s_i, a_i|\theta^Q)^2)$$

M 是取樣自回放緩衝的樣本數量,用來訓練網路。並透過由損失 L 所求得的梯度來更新評價者網路的權重。

同樣地,也是使用策略梯度來更新策略網路。接著更新目標網路中的行動者與評價者網路權重。這樣會讓目標網路的權重緩慢更新,藉此讓穩定性更好;這個方法稱為軟性替代(soft replacement):

$$\theta' < -\tau\theta + (1 - \tau)\theta'$$

◉ 搖動單擺

有一個會從任意位置開始擺動的單擺,代理的目標是把它甩到能保持直立。在此會介紹如何使用 DDPG。本段程式碼來自 https://github.com/wangshuailong/reinforcement_learning_with_Tensorflow/tree/master/DDPG。

首先，匯入所需的函式庫：

```
import tensorflow as tf
import numpy as np
import gym
```

接著定義超參數，如下：

```
# 每個世代中的步驟數量
epsiode_steps = 500

# 行動者的學習率
lr_a = 0.001

# 評價者的學習率
lr_c = 0.002

# 折扣因子
gamma = 0.9

# 軟性替代
alpha = 0.01

# 回放緩衝大小
memory = 10000

# 小批訓練資料的大小
batch_size = 32
render = False
```

我們在 DDPG 類別中來實作 DDPG 演算法，在此逐步說明各個函式。首先是初始化所有東西：

```
class DDPG(object):
    def __init__(self, no_of_actions, no_of_states, a_bound,):
        # 使用動作數量、狀態數量與自定義的記憶體大小來初始化記憶體
        self.memory = np.zeros((memory, no_of_states * 2 + no_of_actions +
1), dtype=np.float32)
        # 初始化指位器指向經驗緩衝
        self.pointer = 0
        # 初始化 tensorflow 階段
        self.sess = tf.Session()
        # 初始化用於探索不同策略之 OU 過程的變異數
        self.noise_variance = 3.0
```

```python
        self.no_of_actions, self.no_of_states, self.a_bound =
no_of_actions, no_of_states, a_bound,
        # 當前狀態、下一個狀態與獎勵的佔位符
        self.state = tf.placeholder(tf.float32, [None, no_of_states], 's')
        self.next_state = tf.placeholder(tf.float32, [None, no_of_states], 's_')
        self.reward = tf.placeholder(tf.float32, [None, 1], 'r')
        # 建置具備獨立評估 ( 主 ) 網路與目標網路的行動者網路
        with tf.variable_scope('Actor'):
            self.a = self.build_actor_network(self.state, scope='eval',
trainable=True)
            a_ = self.build_actor_network(self.next_state, scope='target',
trainable=False)
        # 建置具備獨立評估 ( 主 ) 網路與目標網路的評價者網路
        with tf.variable_scope('Critic'):
            q = self.build_crtic_network(self.state, self.a, scope='eval',
trainable=True)
            q_ = self.build_crtic_network(self.next_state, a_,
scope='target', trainable=False)

        # 初始化網路參數
        self.ae_params = tf.get_collection(tf.GraphKeys.GLOBAL_VARIABLES,
scope='Actor/eval')
        self.at_params = tf.get_collection(tf.GraphKeys.GLOBAL_VARIABLES,
scope='Actor/target')
        self.ce_params = tf.get_collection(tf.GraphKeys.GLOBAL_VARIABLES,
scope='Critic/eval')
        self.ct_params = tf.get_collection(tf.GraphKeys.GLOBAL_VARIABLES,
scope='Critic/target')

        # 更新目標值
        self.soft_replace = [[tf.assign(at, (1-alpha)*at+alpha*ae),
tf.assign(ct, (1-alpha)*ct+alpha*ce)]
            for at, ae, ct, ce in zip(self.at_params, self.ae_params,
self.ct_params, self.ce_params)]
        # 計算目標 Q 值，已知 Q(s,a) =reward + gamma * Q'(s',a')
        q_target = self.reward + gamma * q_
        # 計算 TD 誤差，就是實際值與預測值之差
        td_error = tf.losses.mean_squared_error(labels=(self.reward + gamma
* q_), predictions=q)
        # 使用 adam 最佳器來訓練評價者網路
        self.ctrain = tf.train.AdamOptimizer(lr_c).minimize(td_error,
name="adam-ink", var_list = self.ce_params)
        # 計算行動者網路中的損失
        a_loss = - tf.reduce_mean(q)
        # 使用 adam 最佳器來訓練行動者網路以最小化損失
        self.atrain = tf.train.AdamOptimizer(lr_a).minimize(a_loss,
var_list=self.ae_params)

        # 初始化 summary writer 以在 tensorboard 中視覺化呈現網路
```

```
tf.summary.FileWriter("logs", self.sess.graph)
# 初始化所有變數
self.sess.run(tf.global_variables_initializer())
```

那麼要如何在 DDPG 中選定動作呢？我們透過在動作空間中加入雜訊來選定動作。在此一樣使用 Ornstein-Uhlenbeck 隨機流程來產生雜訊：

```
def choose_action(self, s):
    a = self.sess.run(self.a, {self.state: s[np.newaxis, :]})[0]
    a = np.clip(np.random.normal(a, self.noise_variance), -2, 2)
    return a
```

定義 learn 函數來進行訓練。在此會從經驗緩衝中選擇一小批 states、acitons、rewards 與下一個狀態，用這些資訊來訓練 Actor 與 Critic 網路：

```
def learn(self):
    # soft 目標取代
    self.sess.run(self.soft_replace)

    indices = np.random.choice(memory, size=batch_size)
    batch_transition = self.memory[indices, :]
    batch_states = batch_transition[:, :self.no_of_states]
    batch_actions = batch_transition[:, self.no_of_states:
self.no_of_states + self.no_of_actions]
    batch_rewards = batch_transition[:, -self.no_of_states - 1: -
self.no_of_states]
    batch_next_state = batch_transition[:, -self.no_of_states:]

    self.sess.run(self.atrain, {self.state: batch_states})
    self.sess.run(self.ctrain, {self.state: batch_states, self.a:
batch_actions, self.reward: batch_rewards, self.next_state:
batch_next_state})
```

定義 store_transition 函式來儲存緩衝中的所有資訊並執行學習：

```
def store_transition(self, s, a, r, s_):
    trans = np.hstack((s,a,[r],s_))
    index = self.pointer % memory
    self.memory[index, :] = trans
    self.pointer += 1

    if self.pointer > memory:
        self.noise_variance *= 0.99995
        self.learn()
```

定義 build_actor_network 函式來建置 Actor 網路：

```
def build_actor_network(self, s, scope, trainable):
    # 行動者 DPG
    with tf.variable_scope(scope):
        l1 = tf.layers.dense(s, 30, activation = tf.nn.tanh, name =
'l1', trainable = trainable)
        a = tf.layers.dense(l1, self.no_of_actions, activation =
tf.nn.tanh, name = 'a', trainable = trainable)
        return tf.multiply(a, self.a_bound, name = "scaled_a")
```

定義 build_crtic_network 函式：

```
def build_crtic_network(self, s, a, scope, trainable):
    # 評價者的 Q 學習
    with tf.variable_scope(scope):
        n_l1 = 30
        w1_s = tf.get_variable('w1_s', [self.no_of_states, n_l1],
trainable = trainable)
        w1_a = tf.get_variable('w1_a', [self.no_of_actions, n_l1],
trainable = trainable)
        b1 = tf.get_variable('b1', [1, n_l1], trainable = trainable)
        net = tf.nn.tanh( tf.matmul(s, w1_s) + tf.matmul(a, w1_a) + b1
)
        q = tf.layers.dense(net, 1, trainable = trainable)
        return q
```

使用 make 函式來初始化 gym 環境：

```
env = gym.make("Pendulum-v0")
env = env.unwrapped
env.seed(1)
```

取得狀態數量：

```
no_of_states = env.observation_space.shape[0]
```

取得動作數量：

```
no_of_actions = env.action_space.shape[0]
```

動作的上界：

```
a_bound = env.action_space.high
```

為 DDPG 類別建立一個物件：

```
ddpg = DDPG(no_of_actions, no_of_states, a_bound)
```

初始化一個清單來存放所有獎勵：

```
total_reward = []
```

設定 episode 數量：

```
no_of_episodes = 300
```

開始訓練：

```python
# 每個世代執行內容
for i in range(no_of_episodes):
    # 初始化環境
    s = env.reset()
    # 世代性獎勵
    ep_reward = 0
    for j in range(epsiode_steps):
        env.render()

        # 透過 OU 流程來加入雜訊，藉此選定動作
        a = ddpg.choose_action(s)
        # 執行動作並移動到下一個狀態
        s_, r, done, info = env.step(a)
        # 將本筆轉移儲存在經驗緩衝中
        # 取樣一小批經驗來訓練網路
        ddpg.store_transition(s, a, r, s_)
        # 將當下狀態以下一個狀態來更新
        s = s_
        # 累加世代性獎勵
        ep_reward += r
        if j == epsiode_steps-1:
            # 儲存總獎勵
```

```
total_reward.append(ep_reward)
# 顯示每個世代收到的獎勵
print('Episode:', i, 'reward: %i' % int(ep_reward))
break
```

輸出畫面如下：

Episode 1

也可以在 TensorBoard 中檢視運算圖：

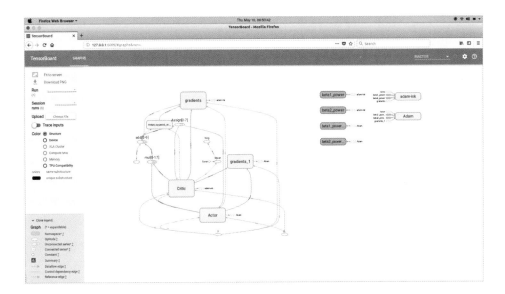

信賴域策略最佳化

在認識**信賴域策略最佳化（Trust Region Policy Optimization，TRPO）**之前，我們得先認識什麼是約束策略最佳化（constrained policy optimization）。在 RL 中，代理是透過試誤法來獎勵最大化。為了找到最佳策略，代理會嘗試所有不同的動作並找出獎勵最好的那一個。不過在探索各個動作時，代理很有可能會找到比較差的動作。但最大的挑戰在於代理要在真實世界中學習，還有當獎勵函數未良好設計時。例如，讓代理學會走路且不會撞到任何障礙物。如果代理撞到任何障礙物，它會收到一個負面獎勵，如果沒有撞到東西，則收到正面獎勵。為了找出最佳策略，代理就需要探索不同的動作。代理也會執行某些動作，例如去撞障礙物看看會不會得到好的獎勵。但這對代理來說並不安全；當代理要在真實世界環境中學習時，這麼做尤其不安全。在此引入了約束式學習。我們設定一個閾值，如果撞到障礙物的機率低於這個閾值，就認定代理是安全的，反之則認定為不安全。在此加入了一個約束值來確保代理是在安全區域中。

在 TRPO 中，我們會持續改進策略並加入一項約束，讓新舊策略之間的 **Kullback–Leibler（KL）**散度得以小於某個常數 δ。這個約束就稱為信賴域約束（trust region constraint）。

那麼，什麼是 KL 散度呢？KL 散度可以說明兩個機率分配彼此之間的差異。由於我們的策略就是對動作的機率分配，KL 散度能告訴我們新策略與舊策略到底差多少。為什麼要讓新舊策略間的差異小於指定常數 δ？因為我們不希望新策略與舊策略相比差得太遠。所以我們加入了一項約束好讓新策略能在一定程度上貼近舊策略。再次，為什麼我們要貼近舊策略呢？當新策略與舊策略差異很大時，這會影響到代理的學習成效，還會產生完全不同的學習行為。簡單來說，TRPO 離策略改良（也就是獎勵最大化）又更近了一步，但同時也要確保信賴域約束得以滿足。這用到了共軛梯度下降（`http://www.idi.ntnu.no/~elster/tdt24/tdt24-f09/cg.pdf`）來最佳化網路參數 θ，同時還能滿足這個約束。這個演算法能確保單調策略改良，並且在各種連續型環境中都有相當好的結果。

現在要來看看 TRPO 的數學運作原理，如果你對數學不太感興趣可以跳過本段。

來看一點很棒的數學吧。

指定總期望折扣獎勵 $\eta(\pi)$，如下：

$$\eta(\pi) = \mathbf{E}_{s_0, a_0, ..}\left[\sum_{t=0}^{\infty} \gamma^t r(s_t)\right]$$

現在將這個新策略 π' 定義為策略 π' 的期望回報，也就是相較於舊策略 π 的優勢，如下：

$$\eta(\pi') = \eta(\pi) + \mathbf{E}_{s_0, a_0, ..\ \pi'}\left[\sum_{t=0}^{\infty} \gamma^t A_\pi(s_t, a_t)\right]$$

好的，為什麼要用到舊策略的優勢呢？由於我們想知道的是新策略 π' 與舊策略 π 的平均表現，兩者相比究竟有多好。上述方程式改寫如下：

$$\begin{aligned}
\eta(\pi') =&\ \eta(\pi) + \mathbf{E}_{s_0, a_0, ..\ \pi'}\left[\sum_{t=0}^{\infty} \gamma^t A_\pi(s_t, a_t)\right] \\
=&\ \eta(\pi) + \sum_{t=0}^{\infty}\sum_{s} P(s_t = s|\pi')\sum_{a}\pi'(a|s)\gamma^t A_\pi(s, a) \\
=&\ \eta(\pi) + \sum_{s}\sum_{t=0}^{\infty} P(s_t = s|\pi')\sum_{a}\pi'(a|s)\gamma^t A_{\pi_0}(s, a) \\
=&\ \eta(\pi) + \sum_{s}\rho_{\pi'}(s)\sum_{a}\pi'(a|s) A_\pi(s, a)
\end{aligned}$$

ρ 是折扣後的拜訪頻率，也就是：

$$\rho_\pi(s) = P(s_0 = s) + \gamma P(s_1 = s) + \gamma^2 P(s_2 = s) + \ldots$$

回顧上述方程式 $\eta(\pi')$，$\rho\pi'(s)$ 與 π' 之間有相當強的相依性，因此這個方程式很難最佳化。在此會用到區域近似值，如下：

$$L_\pi(\pi') = \eta(\pi) + \sum_s \rho_\pi(s) \sum_a \pi'(a|s) A_\pi(s,a)$$

L_π 採用了拜訪頻率 ρ_π 而非 $\rho_{\pi'}$，也就是我們根據策略的變化而忽略了狀態拜訪頻率的變化。簡單來說，我們假設新舊策略的狀態拜訪頻率並無不同。在計算 L_π 的梯度時，雖然一樣會改善 η，但對於某些參數 θ 來說，我們無法確定每次步驟到底要多大。

Kakade 與 Langford 提出了一種新的策略更新方法，稱為保守型（conservative）策略迭代，如下：

$$\pi_{new}(a|s) = (1 - \alpha)\pi_{old}(a|s) + \alpha\pi'(a|s) \quad \text{---- (1)}$$

π_{new} 是新策略，π_{old} 則是舊策略。

$\pi' = argmax_{\pi'} L_{\pi_{old}}(\pi')$，$\pi'$ 就是用於最大化策略 $L_{\pi_{old}}$ 的策略。

Kakade 與 Langford 由 (1) 導出以下方程式：

$$\eta(\pi') \geq L_\pi(\pi') - C D_{KL}^{max}(\pi, \pi') \quad \text{---- (2)}$$

C 為懲罰係數（penalty coefficient）可寫作 $\dfrac{4\epsilon\gamma}{(1-\alpha)^2}$，而 $D_{KL}^{max}(\pi, \pi')$ 代表新舊策略之間的 KL 散度。

仔細看看上述方程式 (2)，你會發現等號右側項目最大化時，長期期望獎勵 η 也會單調遞增（increases monotonically）。

現在把等號右側定義為 $M_i(\pi)$，如下：

$$M_i(\pi) = L_{\pi_i}(\pi) - CD_{KL}^{max}(\pi_i, \pi) \quad \text{---- (3)}$$

將方程式 (3) 代入 (2)，可得：

$$\eta(\pi_i + 1) \geq M_i(\pi_i + 1) \quad \text{---- (4)}$$

已知兩個相同策略之間的 KL 散度為零，表示如下：

$$\eta(\pi) = M_i(\pi_i) \quad \text{----(5)}$$

合併方程式 (4) 與 (5)，如下：

$$\eta(\pi_{i+1}) - \eta(\pi) \geq M_i(\pi_{i+1}) - M(\pi_i)$$

在上述方程式中，我們可理解將 M_i 最大化可確保期望獎勵也最大化。因此現在的目標就是將 M_i 最大化，間接使得期望獎勵也最大化。由於我們採用了參數化策略，我們用 θ 取代上述方程式中的 π，並用 θ_{old} 來代表想要改進的策略，如下所示：

$$\text{maximize}_\theta \qquad [L_{\theta_{old}}(\theta) - CD_{KL}^{max}(\theta_{old}, \theta)]$$

但以上方程式中的懲罰係數 C 會讓步長變得非常小，而導致更新速度變慢。為此我們在 KL 散度的新舊策略上加了一項約束，這就是信賴域約束，它可以幫我們找到最佳的步長：

$$\begin{aligned} \text{maximize}_\theta \qquad & L_{\theta_0}(\theta) \\ \text{subject to} \qquad & D_{KL}^{max}(\theta_{old}, \theta) \leq \delta \end{aligned}$$

現在的問題在於 KL 散度對於狀態空間中的所有點都有影響，且在處於高維度狀態空間時，要解出來實務上不可行。因此我們改用平均 KL 散度來進行啟發式近似（heuristic approximation），如下：

$$\bar{D}_{KL}^{\rho}(\theta_{old}, \theta) := \mathbf{E}_{s \sim \rho}[D_{KL}(\pi_{\theta_1}(.\,|s)\|\pi_{\theta_2}(.\,|s))]$$

現在，上述目標函數可以用平均 KL 散度改寫如下：

$$\text{maximize}_\theta \qquad L_{\theta_{old}}(\theta)$$
$$\text{subject to} \qquad \bar{D}_{KL}^{\rho\theta_{old}}(\theta_{old}, \theta) \le \delta$$

展開 L 值，如下：

$$\text{maximize}_\theta \qquad \sum_s \rho\theta_{old}(S) \sum_a \pi_\theta(a|s)A_{\theta_{old}}(s,a)$$
$$\text{subject to} \qquad \bar{D}_{KL}^{\rho\theta_{old}}(\theta_{old}, \theta) \le \delta$$

上述方程式中將狀態總和 $\sum_s \rho\theta_{old}$ 替換為 $E_{s \sim \rho\theta_{old}}$ 期望值，再把動作總和替換為重要性取樣估計量，如下：

$$\sum_a \pi_\theta(a|s_n)A_{\theta_{old}}(s_n, a) = E_{a \sim q}\left[\frac{\pi_\theta(a|s_n)}{q(a|s_n)}A_{\theta_{old}}(s_n, a)\right]$$

接著，使用優勢目標值 $A_{\theta_{old}}$ 把 Q 值 $Q_{\theta_{old}}$ 替代掉就好了。

好了，最終的目標函數如下：

$$\text{maximize}_\theta \qquad E_s \pi_{\theta_{old}}, a\pi_{\theta_{old}}\left[\frac{\pi_\theta(a|s)}{\pi_{\theta_{old}}(a|s)}A_{\theta_{old}}(s,a)\right]$$
$$\text{subject to} \qquad E_{s,\pi_{\theta_{old}}}[DKL(\pi_{\theta_{old}}(\cdot|s)\|\pi_{\theta_{old}}(\cdot|s))] \le \delta$$

將上述所提到具有約束的目標函數最佳化，就稱為約束最佳化。這項約束是為了確保舊策略與新策略之間的平均 KL 散度能小於 δ。在此使用共軛梯度下降來進行最佳化。

 ## 近端策略最佳化

現在介紹另一個策略最佳化演算法，稱為**近端策略最佳化（Proximal Policy Optimization，PPO）**。它算是 TRPO 的改良版，且由於效能相當不錯，因此在解決諸多複雜的 RL 問題時已成為必選的 RL 演算法之一。這是由 OpenAI 的研究員為了解決 TRPO 的問題所提出的。回想一下 TRPO 的替代目標函數。這屬於約束最佳化問題，我們加了一項約束—代表新舊策略之間的平均 KL 散度應該要小於 δ。但 TRPO 的問題在於它為了執行最佳化，需要相當大量的運算資訊來計算共軛梯度。

因此，PPO 藉由把約束改為懲罰來調整 TRPO 的目標函數，因此不再需要執行共軛梯度了。現在來看看 PPO 的運作方式吧。定義 $r_t(\theta)$ 為新舊策略的機率比值。因此目標函數可改寫如下：

$$
\begin{aligned}
L^{CPI}(\theta) &= \hat{E}_t\left[\frac{\pi_\theta(a_t|s_t)}{\pi_{\theta_{old}}(a_t|s_t)}\hat{A}_t\right]\\
&= \hat{E}_t[r_t(\theta)\hat{A}_t]
\end{aligned}
$$

L^{CPI} 代表保守型策略迭代。但將 L 最大化會導致大規模且不具約束的策略更新。因此，我們加入懲罰項來懲罰大規模的策略更新，藉此重新定義目標函數。現在的目標函數長這樣：

$$
L^{CLIP}(\theta) = \hat{E}_t[minr_t(\theta)\hat{A}_t, clip(r_t(\theta), 1-\epsilon, 1+\epsilon)\hat{A}_t]
$$

上述方程式加入了一個新東西：$clip(r_t(\theta), 1-\epsilon, 1+\epsilon)\hat{A}_t$。這是什麼意思呢？它可以把 $r_t(\theta)$ 值限制在 $[1-\varepsilon, 1+\varepsilon]$ 區間之間，也就是說，如果 $r_t(\theta)$ 值真的造成目標函數增加，將其值強力限制在這個區間之內就可以降低其影響。

我們根據兩種狀況來調整機率為 $1-\varepsilon$ 或 ε：

- **狀況 1**：$\hat{A}_t > 0$

  當優勢為正值，也就是對應的動作相較其他所有動作的平均應該更被偏好。我們會拉高該動作的 $r_t(\theta)$ 值，因此它被選中的機會就增加了。也由於我們對 $r_t(\theta)$ 值進行了限制，因此它不會超過 $1+\varepsilon$：

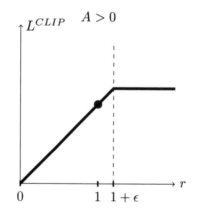

- **狀況 2**：$\hat{A}_t > 0$

  當優勢值為負時，代表該動作不重要且不應該被採用。因此以本狀況而言，我們會降低該動作的 $r_t(\theta)$ 值，這樣它被選到的機率就會更小。同樣地，由於數值限制的修剪，$r_t(\theta)$ 值不會低於 $1-\varepsilon$：

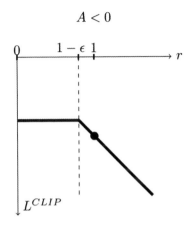

在運用神經網路架構時需要定義損失函數，其中包含了目標函數的價值函數誤差。還要加入熵損失來確保有足夠多的探索（這在 A3C 討論過了）。最終的目標函數如下：

$$L_t^{CLIP+VP+S}(\theta) = \hat{E}_t[L_t^{CLIP}(\theta) - c1L_t^{VF}(\theta) + c_2S[\pi_\theta](s_t)]$$

c_1 與 c_2 為係數，Lt^{VP} 是實際價值函數與目標價值函數的平方差，即 $(V_\theta(s_t) - V_t^{target})^2$。最後 S 則代表熵紅利（entropy bonus）。

 ## 總結

本章從策略梯度方法開始，它不需要 Q 函數就能直接最佳化策略。我們透過月面降落車遊戲來學會策略梯度的相關內容，然後是 DDPG，它具備了策略梯度與 Q 函數兩者之長。

接著介紹的是 TRPO 這類的策略最佳化演算法，藉由在新舊策略間的 KL 散度上加入一項約束使其不會超過 δ，藉此確保單調策略改良。

另外還談到了近端策略最佳化，把約束改為懲罰，藉此來懲罰較大規模的策略更新。下一章，第 12 章「*總和專題 – 使用 DQN 來玩賽車遊戲*」，會介紹如何製作代理來在賽車遊戲中贏得勝利。

問題

本章問題如下：

1. 什麼是策略梯度？

2. 為什麼策略梯度是有效的？

3. Actor Critic 網路在 DDPG 中的功用為何？

4. 什麼是約束最佳化問題？

5. 什麼是信賴域？

6. PPO 如何克服 TRPO 的缺點？

延伸閱讀

請參考以下文章：

- **DDPG 相關論文**：https://arxiv.org/pdf/1509.02971.pdf

- **TRPO 相關論文**：https://arxiv.org/pdf/1502.05477.pdf

- **PPO 相關論文**：https://arxiv.org/pdf/1707.06347.pdf

總和專題 –
使用 DQN 來玩賽車遊戲

我們在前幾章中運用神經網路來模擬 Q 函數，進而理解深度 Q 學習的運作原理。接著討論了**深度 Q 網路（DQN）**的幾種改良版，例如雙層 Q 學習、競爭網路架構與深度循環 Q 網路等等。也認識了 DQN 如何運用回放緩衝來儲存代理經驗，並使用取樣自緩衝的小批樣本來訓練網路。另外還實作了可進行 Atari 遊戲的 DQN，還有能進行毀滅戰士遊戲的**深度循環網路（DRQN)**。本章將深入探討競爭 DQN 的實作方式，基本上與一般的 DQN 相同，但會把最後的完全相連層拆成兩道流，稱為價值流與優勢流，這兩道流會匯聚起來好計算 Q 函式。我們會理解如何使用競爭 DQN 訓練代理來贏得賽車遊戲。

本章學習重點如下：

- 環境包裝函數
- 競爭網路
- 回放緩衝
- 訓練網路
- 賽車遊戲

環境包裝函數 ...

本章程式碼感謝 Giacomo Spigler 的 GitHub（https://github.com/ spiglerg/DQN_DDQN_Dueling_and_DDPG_Tensorflow），本章會詳細說明這份程 式的所有細節。完整且排版好的程式碼請參考其 GitHub。

首先匯入所需的函式庫：

```
import numpy as np
import tensorflow as tf
import gym
from gym.spaces import Box
from scipy.misc import imresize
import random
import cv2
import time
import logging
import os
import sys
```

定義 EnvWrapper 類別與其他的環境包裝函數：

```
class EnvWrapper:
```

定義 __init__ 方法並初始化相關變數：

```
    def __init__(self, env_name, debug=False):
```

初始化 gym 環境：

```
        self.env = gym.make(env_name)
```

取得 action_space：

```
        self.action_space = self.env.action_space
```

取得 observation_space：

```
self.observation_space = Box(low=0, high=255, shape=(84, 84, 4))
```

初始化 frame_num 來儲存幀數計數：

```
self.frame_num = 0
```

初始化 monitor 來記錄遊戲畫面：

```
self.monitor = self.env.monitor
```

初始化 frames：

```
self.frames = np.zeros((84, 84, 4), dtype=np.uint8)
```

初始化名為 debug 的布林值，其值為 true 就能顯示最後幾個幀：

```
self.debug = debug

 if self.debug:
     cv2.startWindowThread()
     cv2.namedWindow("Game")
```

接著定義 step 函式，會以當下的狀態為輸入，並回傳預處理的下一個狀態的 frame：

```
def step(self, a):
    ob, reward, done, xx = self.env.step(a)
  return self.process_frame(ob), reward, done, xx
```

定義名為 reset 的函式來重置環境；重置好之後就會回傳預處理的遊戲畫面：

```
def reset(self):
    self.frame_num = 0
    return self.process_frame(self.env.reset())
```

定義另一個用來彩現環境的函式：

```python
def render(self):
    return self.env.render()
```

現在，定義 process_frame 函式來預處理幀：

```python
def process_frame(self, frame):

    # 將圖片轉為灰階
    state_gray = cv2.cvtColor(frame, cv2.COLOR_BGR2GRAY)

    # 改變圖片尺寸
    state_resized = cv2.resize(state_gray,(84,110))
    # 調整尺寸
    gray_final = state_resized[16:100,:]

    if self.frame_num == 0:
        self.frames[:, :, 0] = gray_final
        self.frames[:, :, 1] = gray_final
        self.frames[:, :, 2] = gray_final
        self.frames[:, :, 3] = gray_final

    else:
        self.frames[:, :, 3] = self.frames[:, :, 2]
        self.frames[:, :, 2] = self.frames[:, :, 1]
        self.frames[:, :, 1] = self.frames[:, :, 0]
        self.frames[:, :, 0] = gray_final

    # 累加 frame_num 計數器

    self.frame_num += 1

    if self.debug:
        cv2.imshow('Game', gray_final)

    return self.frames.copy()
```

預處理完成之後的遊戲畫面如下：

競爭網路

現在要建置競爭 DQN；我們會建置三個卷積層與兩個連在其後的完全連接層，並且最後一個完全連接層會再切成兩個對應到價值流與優勢流的獨立層。並運用聚合層來結合這兩道流來計算 Q 值。這些層的維度說明如下：

- **層 1**：32 個 8×8 過濾器，步長 4 + RELU

- **層 2**：64 個 4×4 過濾器，步長 2 + RELU

- **層 3**：64 個 3×3 過濾器，步長 1 + RELU

- **層 4a**：512 個單位全連接層 + RELU

- **層 4b**：512 個單位全連接層 + RELU

- **層 5a**：1 個單位 FC + RELU（狀態值）

- **層 5b**：動作 FC + RELU（優勢值）

- **層 6**：聚合 *V(s)+A(s,a)*

```
class QNetworkDueling(QNetwork):
```

定義 **__init__** 方法來初始化所有的層：

```python
def __init__(self, input_size, output_size, name):
        self.name = name
        self.input_size = input_size
        self.output_size = output_size
        with tf.variable_scope(self.name):

            # 三層卷積層
            self.W_conv1 = self.weight_variable([8, 8, 4, 32])
            self.B_conv1 = self.bias_variable([32])
            self.stride1 = 4

            self.W_conv2 = self.weight_variable([4, 4, 32, 64])
            self.B_conv2 = self.bias_variable([64])
            self.stride2 = 2

            self.W_conv3 = self.weight_variable([3, 3, 64, 64])
            self.B_conv3 = self.bias_variable([64])
            self.stride3 = 1

            # 兩個完全連接層
            self.W_fc4a = self.weight_variable([7*7*64, 512])
            self.B_fc4a = self.bias_variable([512])
            self.W_fc4b = self.weight_variable([7*7*64, 512])
            self.B_fc4b = self.bias_variable([512])

            # 價值流
            self.W_fc5a = self.weight_variable([512, 1])
            self.B_fc5a = self.bias_variable([1])

            # 優勢流
            self.W_fc5b = self.weight_variable([512, self.output_size])
            self.B_fc5b = self.bias_variable([self.output_size])
```

定義 __call__ 方法來執行卷積作業：

```
def __call__(self, input_tensor):
    if type(input_tensor) == list:
        input_tensor = tf.concat(1, input_tensor)

    with tf.variable_scope(self.name):
        # 在這三層執行卷積

        self.h_conv1 = tf.nn.relu( tf.nn.conv2d(input_tensor,
self.W_conv1, strides=[1, self.stride1, self.stride1, 1], padding='VALID')
+ self.B_conv1 )

        self.h_conv2 = tf.nn.relu( tf.nn.conv2d(self.h_conv1,
self.W_conv2, strides=[1, self.stride2, self.stride2, 1], padding='VALID')
+ self.B_conv2 )

        self.h_conv3 = tf.nn.relu( tf.nn.conv2d(self.h_conv2,
self.W_conv3, strides=[1, self.stride3, self.stride3, 1], padding='VALID')
+ self.B_conv3 )


        # 攤平卷積輸出
        self.h_conv3_flat = tf.reshape(self.h_conv3, [-1, 7*7*64])
        # 完全連階層
        self.h_fc4a = tf.nn.relu(tf.matmul(self.h_conv3_flat,
self.W_fc4a) + self.B_fc4a)

        self.h_fc4b = tf.nn.relu(tf.matmul(self.h_conv3_flat,
self.W_fc4b) + self.B_fc4b)


        # 計算價值流與優勢流
        self.h_fc5a_value = tf.identity(tf.matmul(self.h_fc4a,
self.W_fc5a) + self.B_fc5a)
        self.h_fc5b_advantage = tf.identity(tf.matmul(self.h_fc4b,
self.W_fc5b) + self.B_fc5b)


        # 匯集這兩道流
        self.h_fc6 = self.h_fc5a_value + ( self.h_fc5b_advantage -
tf.reduce_mean(self.h_fc5b_advantage, reduction_indices=[1,],
keep_dims=True) )


    return self.h_fc6
```

回放記憶

現在要建立經驗回放緩衝，用來儲存代理的所有經驗。我們從回放緩衝抽樣一小批經驗來訓練網路：

```python
class ReplayMemoryFast:
```

首先定義 __init__ 方法與初始化緩衝大小：

```python
def __init__(self, memory_size, minibatch_size):

    # 儲存樣本的最大數量
    self.memory_size = memory_size

    # 抽樣小批的大小
    self.minibatch_size = minibatch_size
    self.experience = [None]*self.memory_size
    self.current_index = 0
    self.size = 0
```

接著定義 store 函式來儲存經驗：

```python
def store(self, observation, action, reward, newobservation, is_terminal):
```

將經驗存為 tuple(當下狀態 , action, reward, 下一個狀態 , 是否為終端)：

```python
    self.experience[self.current_index] = (observation, action, reward,
newobservation, is_terminal)
    self.current_index += 1
    self.size = min(self.size+1, self.memory_size)
```

如果索引值大於記憶體，就將其減去記憶體大小，藉此沖銷此索引值：

```python
    if self.current_index >= self.memory_size:
        self.current_index -= self.memory_size
```

定義 sample 函式來抽樣一小批經驗：

```
def sample(self):
    if self.size < self.minibatch_size:
        return []

    # 首先隨機抽出一些索引值
    samples_index =
np.floor(np.random.random((self.minibatch_size,))*self.size)

    # 從已抽出的索引值來選取經驗
    samples = [self.experience[int(i)] for i in samples_index]

    return samples
```

 ## 訓練網路

現在要看看如何訓練網路。

首先定義 DQN 類別，並在 __init__ 方法中初始化所有變數：

```
class DQN(object):
    def __init__(self, state_size,
                       action_size,
                       session,
                       summary_writer = None,
                       exploration_period = 1000,
                       minibatch_size = 32,
                       discount_factor = 0.99,
                       experience_replay_buffer = 10000,
                       target_qnet_update_frequency = 10000,
                       initial_exploration_epsilon = 1.0,
                       final_exploration_epsilon = 0.05,
                       reward_clipping = -1,
                        ):
```

初始化所有變數：

```
self.state_size = state_size
self.action_size = action_size


self.session = session
self.exploration_period = float(exploration_period)
self.minibatch_size = minibatch_size
self.discount_factor = tf.constant(discount_factor)
self.experience_replay_buffer = experience_replay_buffer
self.summary_writer = summary_writer
self.reward_clipping = reward_clipping


self.target_qnet_update_frequency = target_qnet_update_frequency
self.initial_exploration_epsilon = initial_exploration_epsilon
self.final_exploration_epsilon = final_exploration_epsilon
self.num_training_steps = 0
```

對 **QNetworkDueling** 競爭類別初始化一個主要的競爭 DQN：

```
self.qnet = QNetworkDueling(self.state_size, self.action_size,
"qnet")
```

初始化目標競爭 DQN 也是類似的作法：

```
self.target_qnet = QNetworkDueling(self.state_size,
self.action_size, "target_qnet")
```

接著，將最佳器初始化為 RMSPropOptimizer：

```
self.qnet_optimizer =
tf.train.RMSPropOptimizer(learning_rate=0.00025, decay=0.99, epsilon=0.01)
```

現在藉由建立一個 **ReplayMemoryFast** 類別的實例來初始化 experience_
replay_buffer：

```
self.experience_replay =
ReplayMemoryFast(self.experience_replay_buffer, self.minibatch_size)
    # 設定運算圖
    self.create_graph()
```

接著定義 copy_to_target_network 函式，把主要網路的權重複製到目標網路：

```python
def copy_to_target_network(source_network, target_network):
    target_network_update = []

    for v_source, v_target in zip(source_network.variables(),
target_network.variables()):

        # 更新目標網路
        update_op = v_target.assign(v_source)
        target_network_update.append(update_op)

    return tf.group(*target_network_update)
```

定義 create_graph 函式並建立運算圖：

```python
def create_graph(self):
```

計算 q_values 並選擇 q 值最大的那個動作：

```python
    with tf.name_scope("pick_action"):

        # 狀態的佔位符
        self.state = tf.placeholder(tf.float32, (None,)+self.state_size
, name="state")

        # q 值的佔位符
        self.q_values = tf.identity(self.qnet(self.state) ,
name="q_values")

        # 預測動作的佔位符
        self.predicted_actions = tf.argmax(self.q_values, dimension=1 ,
name="predicted_actions")

        # 繪製直方圖來追蹤最大 q 值
        tf.histogram_summary("Q values",
tf.reduce_mean(tf.reduce_max(self.q_values, 1)))
        # 儲存最大的 q 值來追蹤學習
```

計算目標未來獎勵：

```
with tf.name_scope("estimating_future_rewards"):
    self.next_state = tf.placeholder(tf.float32,
(None,)+self.state_size , name="next_state")

    self.next_state_mask = tf.placeholder(tf.float32, (None,) ,
name="next_state_mask")
    self.rewards = tf.placeholder(tf.float32, (None,) ,
name="rewards")

    self.next_q_values_targetqnet =
tf.stop_gradient(self.target_qnet(self.next_state),
name="next_q_values_targetqnet")
    self.next_q_values_qnet =
tf.stop_gradient(self.qnet(self.next_state), name="next_q_values_qnet")

    self.next_selected_actions = tf.argmax(self.next_q_values_qnet,
dimension=1)

    self.next_selected_actions_onehot =
tf.one_hot(indices=self.next_selected_actions, depth=self.action_size)

    self.next_max_q_values = tf.stop_gradient( tf.reduce_sum(
tf.mul( self.next_q_values_targetqnet, self.next_selected_actions_onehot )
, reduction_indices=[1,] ) * self.next_state_mask )

    self.target_q_values = self.rewards +
self.discount_factor*self.next_max_q_values
```

使用 RMS prop 最佳器來進行最佳化：

```
with tf.name_scope("optimization_step"):
    self.action_mask = tf.placeholder(tf.float32, (None,
self.action_size) , name="action_mask")

self.y = tf.reduce_sum( self.q_values * self.action_mask ,
reduction_indices=[1,])

    ## 誤差修剪
    self.error = tf.abs(self.y - self.target_q_values)

    quadratic_part = tf.clip_by_value(self.error, 0.0, 1.0)
    linear_part = self.error - quadratic_part

    self.loss = tf.reduce_mean( 0.5*tf.square(quadratic_part) +
linear_part )
```

```
        # 梯度最佳化

        qnet_gradients =
self.qnet_optimizer.compute_gradients(self.loss, self.qnet.variables())


        for i, (grad, var) in enumerate(qnet_gradients):
            if grad is not None:
                    qnet_gradients[i] = (tf.clip_by_norm(grad, 10), var)

        self.qnet_optimize =
self.qnet_optimizer.apply_gradients(qnet_gradients)
```

將主網路的權重複製到目標網路：

```
        with tf.name_scope("target_network_update"):
            self.hard_copy_to_target =
DQN.copy_to_target_network(self.qnet, self.target_qnet)
```

定義 store 函式來把所有經驗儲存在 experience_replay_buffer 中：

```
    def store(self, state, action, reward, next_state, is_terminal):
        # 獎勵修剪
        if self.reward_clipping > 0.0:
            reward = np.clip(reward, -self.reward_clipping,
self.reward_clipping)

        self.experience_replay.store(state, action, reward, next_state,
is_terminal)
```

定義 action 函式，根據衰退式 epsilon- 貪婪策略來選擇動作：

```
    def action(self, state, training = False):
        if self.num_training_steps > self.exploration_period:
            epsilon = self.final_exploration_epsilon
        else:
            epsilon = self.initial_exploration_epsilon -
float(self.num_training_steps) * (self.initial_exploration_epsilon -
self.final_exploration_epsilon) / self.exploration_period

        if not training:
            epsilon = 0.05

        if random.random() <= epsilon:
            action = random.randint(0, self.action_size-1)
```

```
    else:
        action = self.session.run(self.predicted_actions,
{self.state:[state] } )[0]

    return action
```

定義 train 函式來訓練網路：

```
def train(self):
```

將主網路的權重複製到目標網路：

```
if self.num_training_steps == 0:
    print "Training starts..."
    self.qnet.copy_to(self.target_qnet)
```

從回放記憶中來抽樣經驗：

```
minibatch = self.experience_replay.sample()
```

由 minibatch 取得狀態、動作、獎勵與下一個狀態：

```
batch_states = np.asarray( [d[0] for d in minibatch] )
actions = [d[1] for d in minibatch]
batch_actions = np.zeros( (self.minibatch_size, self.action_size) )
for i in xrange(self.minibatch_size):
    batch_actions[i, actions[i]] = 1

batch_rewards = np.asarray( [d[2] for d in minibatch] )
batch_newstates = np.asarray( [d[3] for d in minibatch] )

batch_newstates_mask = np.asarray( [not d[4] for d in minibatch] )
```

進行訓練：

```
scores, _, = self.session.run([self.q_values, self.qnet_optimize],
                            { self.state: batch_states,
                              self.next_state: batch_newstates,
                              self.next_state_mask:
batch_newstates_mask,

                              self.rewards: batch_rewards,
                              self.action_mask: batch_actions} )
```

更新目標網路權重：

```
if self.num_training_steps % self.target_qnet_update_frequency == 0:
    self.session.run( self.hard_copy_to_target )

    print 'mean maxQ in minibatch: ',np.mean(np.max(scores,1))

    str_ = self.session.run(self.summarize, { self.state:
batch_states,
                                self.next_state: batch_newstates,
                                self.next_state_mask:
batch_newstates_mask,

                                self.rewards: batch_rewards,
                                self.action_mask: batch_actions})

    self.summary_writer.add_summary(str_, self.num_training_steps)

self.num_training_steps += 1
```

 ## 賽車遊戲

到目前為止，我們知道了如何建立一個競爭 DQN。現在要看看如何在玩賽車遊戲上運用我們所建立 DQN：

首先匯入所需的函式庫：

```
import gym
import time
import logging
import os
import sys
import tensorflow as tf
```

初始化所有變數：

```
ENV_NAME = 'Seaquest-v0'
TOTAL_FRAMES = 20000000
MAX_TRAINING_STEPS = 20*60*60/3
TESTING_GAMES = 30
MAX_TESTING_STEPS = 5*60*60/3
```

```
TRAIN_AFTER_FRAMES = 50000
epoch_size = 50000
MAX_NOOP_START = 30
LOG_DIR = 'logs'
outdir = 'results'
logger = tf.train.SummaryWriter(LOG_DIR)
# 初始化 tensorflow 階段
session = tf.InteractiveSession()
```

建立代理：

```
agent = DQN(state_size=env.observation_space.shape,
 action_size=env.action_space.n,
 session=session,
 summary_writer = logger,
 exploration_period = 1000000,
 minibatch_size = 32,
 discount_factor = 0.99,
 experience_replay_buffer = 1000000,
 target_qnet_update_frequency = 20000,
 initial_exploration_epsilon = 1.0,
 final_exploration_epsilon = 0.1,
 reward_clipping = 1.0,
)
session.run(tf.initialize_all_variables())
logger.add_graph(session.graph)
saver = tf.train.Saver(tf.all_variables())
```

儲存紀錄：

```
env.monitor.start(outdir+'/'+ENV_NAME,force = True,
video_callable=multiples_video_schedule)
num_frames = 0
num_games = 0
current_game_frames = 0
init_no_ops = np.random.randint(MAX_NOOP_START+1)
last_time = time.time()
last_frame_count = 0.0
state = env.reset()
```

開始訓練：

```
while num_frames <= TOTAL_FRAMES+1:
    if test_mode:
        env.render()
```

```
        num_frames += 1
        current_game_frames += 1
```

由當下狀態來選出某個動作：

```
action =agent.action(state, training = True)
```

在環境中執行這個動作，收到獎勵並移動到 next_state：

```
next_state,reward,done,_ = env.step(action)
```

將這個轉移資訊存在 experience_replay_buffer 中：

```
if current_game_frames >= init_no_ops:
    agent.store(state,action,reward,next_state,done)
state = next_state
```

訓練代理：

```
if num_frames>=TRAIN_AFTER_FRAMES:
    agent.train()

if done or current_game_frames > MAX_TRAINING_STEPS:
    state = env.reset()
    current_game_frames = 0
    num_games += 1
    init_no_ops = np.random.randint(MAX_NOOP_START+1)
```

每一回合完成後都要儲存網路的各項參數：

```
if num_frames % epoch_size == 0 and num_frames > TRAIN_AFTER_FRAMES:
    saver.save(session,
outdir+"/"+ENV_NAME+"/model_"+str(num_frames/1000)+"k.ckpt")
    print "epoch: frames=",num_frames," games=",num_games
```

每兩次回合就會測試效能：

```
if num_frames % (2*epoch_size) == 0 and num_frames > TRAIN_AFTER_FRAMES:
    total_reward = 0
    avg_steps = 0
    for i in xrange(TESTING_GAMES):
```

```
state = env.reset()
init_no_ops = np.random.randint(MAX_NOOP_START+1)
frm = 0

while frm < MAX_TESTING_STEPS:
    frm += 1
    env.render()
    action = agent.action(state, training = False)
    if current_game_frames < init_no_ops:
        action = 0
    state,reward,done,_ = env.step(action)
    total_reward += reward

    if done:
        break

avg_steps += frm
avg_reward = float(total_reward)/TESTING_GAMES
str_ = session.run( tf.scalar_summary('test reward
('+str(epoch_size/1000)+'k)', avg_reward) )
logger.add_summary(str_, num_frames)
state = env.reset()


env.monitor.close()
```

我們可以看到代理如何學會在賽車比賽中勝出，如以下畫面：

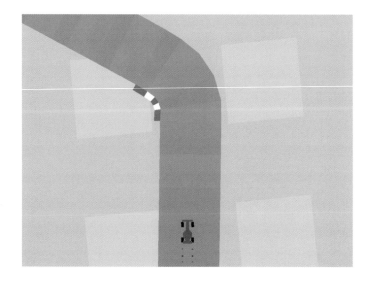

總結

我們在本章中深入理解如何實作一個競爭 DQN。從用於預處理遊戲畫面的基本環境包裝函式開始，討論到了 `QNetworkDueling` 類別。在此實作了一個競爭 Q 網路，把 DQN 最終的全連接層再分為價值流與優勢流，接著再合併這兩道流來計算 q 值。接著討論了如何建立回放緩衝，用於儲存經驗並可從其中抽樣一小批經驗來訓練網路。最後，使用 OpenAI 的 Gym 初始化了一個賽車環境並藉此訓練代理。下一章，第 13 章「近期發展與下一步」，會討論一些 RL 的最新發展。

問題

本章問題如下：

1.　DQN 與競爭 DQN 的差異為何？

2.　寫一段 Python 程式碼來實作回放緩衝。

3.　什麼是目標網路？

4.　寫一段 Python 程式碼來實作優先經驗回放緩衝。

5.　寫一段 Python 程式碼來執行衰退式 epsilon- 貪婪策略。

6.　競爭 DQN 與雙層 DQN 的差異為何？

7.　寫一段 Python 程式碼，將主網路的權重更新到目標網路。

延伸閱讀

以下連結可以讓你加強本領域的知識:

- **使用 DQN 來玩 Flappy Bird 遊戲**:

  https://github.com/yenchenlin/DeepLearningFlappyBird

- **使用 DQN 來玩 Super Mario 遊戲**:

  https://github.com/JSDanielPark/tensorflow_dqn_supermario

近期發展與下一步

恭喜恭喜，終於來到最後一章了，真是一段不容易的旅程啊！我們從 RL 的最基礎開始，例如 MDP、Monte Carlo 法與 TD 學習，一路到各種進階的深度強化學習演算法，例如 DQN、DRQN 與 A3C 等。還學會了許多最新的策略梯度方法，像是 DDPG、PPO 與 TRPO 等，我們還用賽車遊戲代理作為最終專題。不過強化學習領域還有非常多值得我們探索的地方，每天都有新的突破與進展。本章會學到一些 RL 領域的新領域，還有層次 RL 與逆向 RL。

本章學習重點如下：

- **想像增強代理（I2A）**

- 由人類偏好來學習

- 由示範來進行深度 Q 學習

- 事後經驗回放

- 層次強化學習

- 逆向強化學習

想像增強代理

喜歡玩西洋棋遊戲嗎？如果我要求您來玩西洋棋，您會怎麼做呢？在棋盤上移動任一隻棋之前，您可能會思考一下移動這步棋的後果，並採取您覺得能夠取勝的那一步棋。所以基本上來說，在採取任何動作之前，您會先思考結果，如果這是您喜歡的，就採取這個動作，否則就克制自己不去執行該動作。

同樣地，想像增強代理（imagination augmented agent，I2A）是透過想像力來增強；在環境中執行任何動作之前，代理會先想像採取該動作的後果，如果它們覺得這個動作會帶來好的獎勵，那就做吧。他們也會去想像採取不同動作的後果。會想像的增強代理是通用人工智慧領域的下一個大躍進。

現在簡單來看看想像增強代理的運作方式；I2A 融合了模型式與無模型學習兩者之長。

I2A 的架構如下：

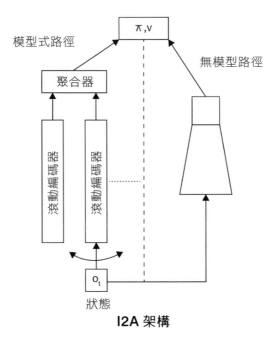

I2A 架構

代理所採取的動作就是將模型式與無模型路徑兩者的結果都採納進來。在模型式路徑中，有個叫做滾動編碼器（rollout encoder）的東西；這些編碼器就是代理執行想像任務的地方。仔細來看看這些滾動編碼器，如下所示：

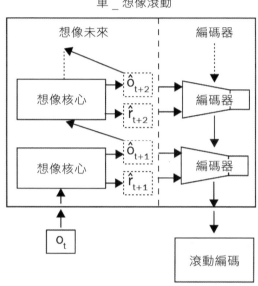

滾動編碼器有兩層：想像未來（imagine future）與編碼器。想像未來就是想像發生的地方。請看上圖，想像未來是由多個想像核心（imagination core）所組成。把狀態 o_t 送入想像核心時，會取得新狀態 $\hat{o}_{t+1}$ 與獎勵 $\hat{r}_{t+1}$，而當我們再把這個新狀態 $\hat{o}_{t+1}$ 送入下一個想像核心時，會取得下一個新狀態 $\hat{o}_{t+2}$ 與獎勵 $\hat{r}_{t+2}$。重複 n 個步驟之後，就能拿到一個滾動（就是一組狀態與獎勵），接著使用像是 LSTM 的編碼器將這個滾動進行編碼，最後的結果就是一個滾動編碼。這些滾動編碼實際上就是描述未來想像路徑的嵌入（embedding）。可以運用多個滾動編碼器來處理不同的未來想像路徑，最後使用聚合器來聚合這個滾動編碼器即可。

等等，想像核心中是如何發生想像的呢？想像核心裡面到底有哪些東西？
一個完整的想像核心如下圖：

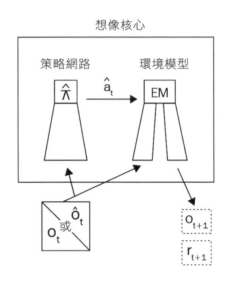

想像核心包含了**策略網路**（policy network）與**環境模型**（environmental
model）。環境模型就是所有事情發生的地方。環境模型會從代理目前為止
執行過的所有動作來學習。它會運用狀態 $\hat{o}_t$ 的資訊，根據經驗來想像所有
可能的未來，並選擇能獲得較高獎勵的動作 $\hat{a}_t$。

列出所有元件的 I2A 架構如下圖：

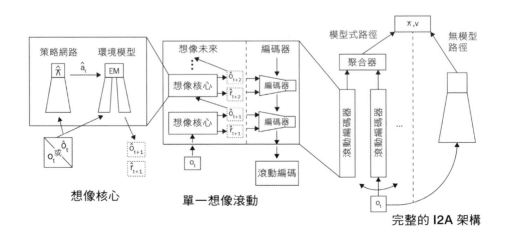

有玩過倉庫番（sokoban）嗎？倉庫番是款相當經典的拼圖遊戲，玩家要把箱子推到目標的位置。遊戲規則很簡單：只能推箱子不能拉箱子。如果將箱子推往錯誤的方向，拼圖本身就會變得不可解：

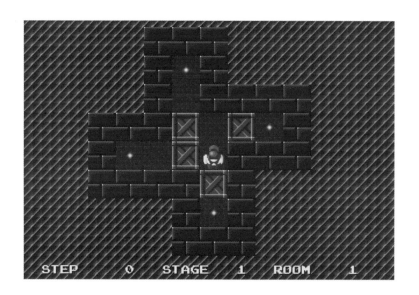

如果是人類要玩倉庫番，我們一定會在走任何一步之前先思考並規劃，因為走錯會導致遊戲結束。I2A 架構可以在這類環境中產生相當好的結果，因為代理需要在採取任何動作之前預先規劃。本論文的作者就在是在倉庫番遊戲中測試了 I2A 並取得非常不錯的成效。

由人類偏好來學習

由人類偏好來學習是 RL 的重大突破，演算法是由 OpenAI 與 DeepMind 的研究團隊所提出。演算法的基礎概念是讓代理根據人類的回饋意見來學習。一開始，代理會隨機動作，然後把兩段代理執行動作的影片片段給人類看。人類看過影片之後再告訴代理哪一段影片比較好，也就是說該段影片中的代理執行任務的效果較好，並帶領它達成目標。一旦給了回饋之後，代理就會試著去執行人類所喜歡的動作，並以此來設定獎勵。RL 的最大挑戰之一即在於如何設計獎勵函數，因此讓人直接與代理互動有助於解決這個問題，還能簡化各種超複雜的目標函數。

訓練流程如下圖：

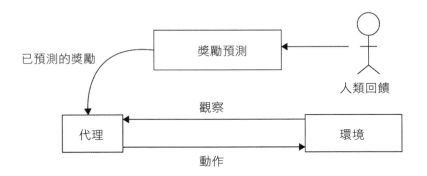

請看以下步驟：

1. 首先，**代理**會透過隨機策略來與**環境**互動。

2. 代理與**環境**的互動行為會被存為兩個長度為三秒鐘的影片，並給予人類。

3. 人類來看影片，並判斷哪支影片中的代理表現較佳。結果會傳送給獎勵預測器。

4. 代理收到來自預測獎勵的訊號，並根據這筆人類回饋意見來設定其目標與獎勵函數。

軌跡是指一系列的觀察與動作。一段軌跡可寫做 σ，因此 $\sigma = ((o_0, a_0), (o_1, a_1), (o_2, a_2).\ldots(o_{k-1}, a_{k-1}))$，其中 o 為觀察，a 為動作。代理會從環境收到一個觀察並執行某個動作。假設我們把這個互動序列儲存為兩段軌跡，σ_1 與 σ_2。現在，這兩條軌跡都會顯示給人類。如果人類偏好 σ_2 過於 σ_1，那麼代理的目標就是重現人類所喜歡的軌跡，並以此來調整獎勵函數。這些軌跡區段會以 $(\sigma_1, \sigma_2, \mu)$ 的格式來存在資料庫中；如果人類偏好 σ_2 過於 σ_1，則 μ 會被設為偏好 σ_2。如果兩條軌跡都不中意，則兩者都會從資料庫中刪除。如果兩者都偏好，則 μ 會被設為均勻。

本演算法的運作方式請參考本影片：`https://youtu.be/oC7Cw3fu3gU`。

由示範來進行深度 Q 學習

本書中談了不少 DQN，先從最原始的 DQN 開始，然後介紹了像是雙層 DQN、競爭網路架構與優先經驗回放等改良版。另外也學會如何建置 DQN 來玩 Atari 遊戲。代理與環境的互動會存放在經驗緩衝，並讓代理根據這些經驗來學習。不過問題在於需要非常可觀的訓練時間才能提升效能。如果是在模擬環境中學習還沒什麼關係，但如果要讓代理在真實世界環境中學習，問題可就多了。為了解決這件事，Google DeepMind 的一位研究員提出了 DQN 的改良版，稱為**由示範來進行深度 Q 學習（Deep Q Learning from Demonstration，DQfd）**。

如果已經有一些示範用的資料，那可以直接將它們加入經驗回放緩衝中。例如，以代理學習玩 Atari 遊戲為例。如果我們已經有一些示範資料能告訴代理，哪些狀態比較好，而哪些動作能在該狀態中獲得好的獎勵，代理就能直接運用這些資料來學習。只要一點點示範就能提高代理效能，還能將訓練時間降到最低。由於示範資料會直接加入到優先經驗回放緩衝，代理來自示範的可用資料量以及其自身學習互動上的可用資料量就會由優先經驗回放緩衝所控制，這是由於經驗已被排定優先順序的關係。

DQfd 的損失函數就是所有損失的總和。為了避免代理對示範資料發生過度擬合的狀況，需要計算網路權重的 L2 正規化損失。一如往常，也要計算 TD 損失並監督損失，來看看代理使用示範資料的學習狀況到底好不好。本論文的作者使用了各種環境來測試 DQfd 環境，結果 DQfd 的效能比優先競爭雙層 DQN 來得更好也更快。

請參考本影片，說明了 DQfd 如何學會玩 Private Eye 遊戲：https://youtu.be/4IFZvqBHsFY。

事後經驗回放

先前談過了 DQN 如何運用經驗回放來避免經驗彼此相關的問題，另外也學會了優先經驗回放是原始經驗回放的改良版，因為它會用 TD 誤差來調整每個經驗的優先權。現在來看看**事後經驗回放（Hindsight Experience Replay，HER）**這個新技術，是由 OpenAI 研究團隊為了解決稀疏獎勵所提出的。還記得當年是怎麼學會騎腳踏車的嗎？第一次嘗試時，您應該無法平衡腳踏車對吧，應該會失敗個幾次才能正確平衡。但這些失敗不代表您沒學到東西。失敗會告訴您，怎樣做是無法平衡腳踏車的。即便您沒有學會騎腳踏車（目標），您還是學會了不同的目標，也就是怎樣無法平衡腳踏車。這就是我們人類的學習方式，對吧？我們從失敗中學習，這就是事後經驗回放的基本概念。

來看看論文中的範例。請看下圖中的 FetchSlide 環境；本環境的目標是控制機器手臂去把一個冰球滑過桌面並擊中目標，就是桌上的小紅球（圖片來自 https://blog.openai.com/ingredients-for-robotics-research/）：

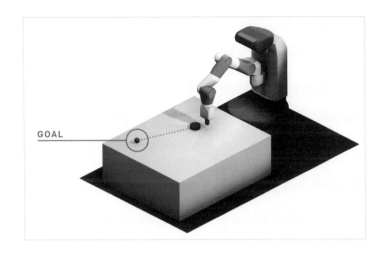

在前幾次嘗試中，代理根本達不到目標。所以代理得到的獎勵皆為 -1，這告訴代理它所做的事情是錯誤的且沒有達到目標：

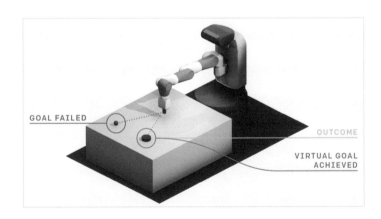

但這不是說，代理什麼都沒學到。代理達到了另一個目標，就是它學會了如何去接近實際目標。因此與其將這視為失敗，我們可認為它有了另一個不同的目標。如果重複這個過程好幾次之後，代理就能學會我們的真正目標。HER 可應用於所有離線演算法。HER 的效能是透過搭配與未搭配 HER 的 DDPG 來做比較而得，看起來搭配了 HER 的 DDPG 的收斂速度會比未搭配的來得更快。HER 的效能展示請看這個影片：https://youtu.be/Dz_HuzgMxzo。

層次強化學習

RL 的問題在於當狀態空間與動作數量非常大時,它無法縮放地太好,最終還是會死在維度的詛咒之下。**層次強化學習(Hierarchical Reinforcement Learning,HRL)** 就是要解決這個問題而生,我們把超大型問題壓縮為分層的許多小型子問題。假設代理的目標是要從學校順利回家。現在要把原本的問題分割成許多子目標,例如離開校門、叫計程車等等。

HRL 中運用了許多不同的方法,例如狀態 - 空間分解、狀態抽象化與時間抽象化。在狀態 - 空間分解中,狀態空間會被分解為不同的子空間,並試著在較小的子空間中來解決問題。拆解狀態空間還能加速探索,因為代理不會想去探索整個狀態空間。在狀態抽象化中,代理會忽略各種變數,因為它們與如何在當下狀態空間中達成當下的子目標無關。在時間抽象化中,動作序列與動作集會被編成一組一組,藉此把單一步驟拆成多個步驟。

現在要來看看 HRL 中最常用的演算法之一,稱為 MAXQ 價值函數分解。

◉ MAXQ 價值函數分解

MAXQ 價值函數分解是 HRL 中最常用的演算法之一;來看看 MAXQ 的運作方式吧。在 MAXQ 價值函數分解中,價值函數會被拆解成各個副任務的價值函數集合。在此採用論文中的同一個範例,還記得我們運用 Q 學習與 SARSA 所解的計程車問題嗎?

總共有四個地點,代理會在某個地點讓乘客上車並在另一個地點下車。如果順利讓乘客下車,代理會收到 +20 點的獎勵,並且每過一個時間點就會扣 1 點,並且如果發生了不合規定的上下車,代理會另外被扣 10 點。因此,代理的目標就是盡快學會在正確的地點讓乘客上下車,並且不會讓不合規定的乘客上車。

環境如下，其中字母 **(R, G, Y, B)** 代表不同的地點，而黃色小方塊就是代理所駕駛的計程車：

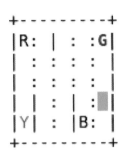

目標現在可以拆解為四個副任務：

- **Navigate**：目標是讓計程車由當下地點移動到某個目標地點。Navigate(t) 任務會運用四個原始動作：北、南、東與西。

- **Get**：目標是讓計程車由當下地點移動到乘客地點並讓乘客上車。

- **Put**：目標是讓計程車從當下地點移動到乘客的目的地並讓乘客下車。

- **Root**：Root 代表整體任務。

所有這些副任務可用一個有向無環圖（directed acyclic graph）來呈現，又稱為任務圖（task graph），如下所示：

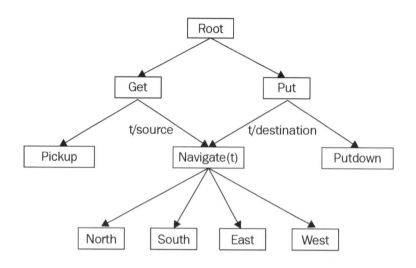

上圖中可看到，所有的副任務都是分層排列。每個節點代表了一個任務或原始動作，而每個邊都連接了一個副任務，又可稱為子任務。

Navigate(t) 副任務有四個原始動作：**east**、**west**、**north** 與 **south**。**Get** 副任務有一個 **pickup** 原始動作與一個 navigate 副任務；同樣地，**Put** 副任務則有一個 **putdown**（乘客下車）原始動作與一個 navigate 副任務。

在 MAXQ 分解中，MDP 的 M 會被分解為一組任務的集合，例如 (M_0, M_1, M_2 ... M_n)。

M_0 是 root 任務，而 M_1, M_2 ... M_n 則是各個副任務。

副任務 M_i 的定義是具備狀態 S_i、動作 A_i、機率轉移函數 $P_i^\pi(s', N|s, a)$ 以及期望獎勵函數 $\bar{R}(s, a) = V^\pi(a, s)$ 的半 MDP，其中 $V^\pi(a, s)$ 是由狀態 S 的子任務 M_a 所映射的價值函數。

如果動作 a 為原始動作，則 $V^\pi(a, s)$ 可定義為在狀態 s 中執行動作 a 的立即期望獎勵：

$$V^\pi(a, s) = \sum_{s'} P(s'|s, a). R(s'|s, a)$$

現在可用 Bellman 方程式將上述價值函數改寫如下：

$$V^\pi(i,s) = V^\pi(\pi_i(s),s) + \sum_{s',N} P_i^\pi(s',N|s,\pi_i(s))\gamma^N V^\pi(i,s') \quad \text{--(1)}$$

狀態 - 動作價值函數 Q 可如下表示：

$$Q^\pi(i,s,a) = V^\pi(a,s) + \sum_{s',N} P_i^\pi(s',N|s,a)\gamma^N Q^\pi(i,s',\pi(s')) \quad \text{-- (2)}$$

現在另外定義完備函數，代表完成副任務 M_i 的期望折扣累積獎勵：

$$C^\pi(i,s,a) = \sum_{s',N} P_i^\pi(s',N|s,a)\gamma^N Q^\pi(i,s',\pi(s')) \quad \text{-- (3)}$$

結合 (2) 與 (3)，Q 函數可改寫如下：

$$Q^\pi(i,s,a) = V^\pi(a,s) + C^\pi(i,s,a)$$

價值函數最後可改寫如下：

$$V^\pi(i,s) = \begin{cases} Q^\pi(i,s,\pi_i(s)) & \text{if i is composite} \\ \sum_s P(s'|s,i)R(s'|s,i) & \text{if i is primitive} \end{cases}$$

上述方程式會將 root 任務的價值函數分解為個別副任務的價值函數。

為了有效設計 MAXQ 分解並對其除錯，任務圖可改寫如下：

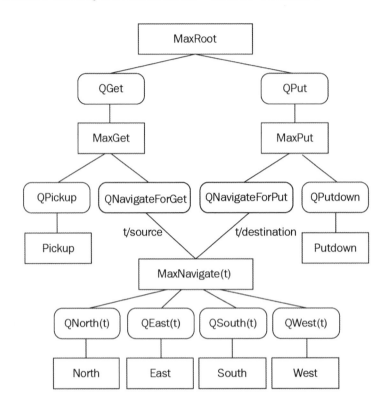

重新設計之後的圖包含了兩種類型的特殊節點：max 節點與 Q 節點。max
節點定義了任務分解中的各個副任務，而 Q 節點則定義了各個副任務可用
的動作。

逆向強化學習

那麼,在 RL 中又做了些什麼呢?我們試著從給定的獎勵函數中去找出最佳策略。逆向強化學習正如其名,就是反著來的強化學習,也就是給定最佳策略之後去試著找出獎勵函數。但為什麼逆向強化學習會有用呢?因為設計獎勵函數不是一件簡單的任務,而差勁的獎勵函數會導致代理的行為變得亂七八糟。我們不一定都能得知合適的獎勵函數,但可以知道的是正確的策略,也就是各狀態中要執行的正確動作。因此,這個最佳策略會由人類專家來告訴代理,代理再試著去學會獎勵函數。例如,當代理要在真實世界環境中學走路時,要設計出所有它可能執行動作的獎勵函數就非常困難了。反之,可藉由人類專家將示範(最佳策略)傳送給代理,代理再試著從中學會獎勵函數。

RL 領域不斷有各種改良與演進在發生。現在您已讀完本書,可以動身探索諸多新型的強化學習,也可以玩玩看各種專題了,繼續 "強化" 吧!

總結

本章學會了多種 RL 的最新進展。我們知道了 I2A 架構如何運用想像核心來進行向前規劃,接著是運用人類偏好來訓練代理。另外還認識了 DQfd,它能透過示範資料來學習,相較於 DQN 得以大幅提升效能並減少訓練時間。接著是事後經驗回放。談到了代理如何從失敗經驗中來學習。

接著,我們學會了層次 RL,它會把目標分解為分層的多個子目標。然後是逆向 RL,其中代理會試著在指定策略的前題下來學會獎勵函數。RL 不斷在演進,每天都有諸多有趣的進展;現在您已經理解了多種強化學習的演算法,可以建立各種代理執行不同類型的任務,也期待您對 RL 的研究領域做出貢獻。

問題

本章問題如下：

1. 什麼是代理中的想像？

2. 什麼是想像核心？

3. 代理如何從人類偏好來學習？

4. DQfd 與 DQN 有何不同？

5. 什麼是事後經驗回放？

6. 層次強化學習的使用時機為何？

7. 逆向強化學習與強化學習有何不同？

延伸閱讀

請參考以下文章：

- **I2A 相關文章**：https://arxiv.org/pdf/1707.06203.pdf

- **透過人類偏好來學習的 DRL 文章**：https://arxiv.org/pdf/1706.03741.pdf

- **HER 相關文章**：https://arxiv.org/pdf/1707.01495.pdf

- **經由辯論來進行的 AI 學習**：https://arxiv.org/pdf/1805.00899.pdf

參考答案

 第一章

1. **強化學習（Reinforcement Learning，RL）**是機器學習的一個分支，其中學習是藉由與環境互動而發生的。

2. 與其他機器學習法不同，RL 是透過試誤法來運作的。

3. 代理是指能做出智能決策的軟體程式，他們就是 RL 中的學習者。

4. 策略函數指定在各狀態要執行的動作，價值函數則說明了各狀態的價值。

5. 模型式代理會運用先前的經驗，而無模型學習則不會。

6. RL 的環境有決定型、隨機型、完整可觀察、部分可觀察、離散型、連續型、世代型與非世代型等不同類型。

7. OpenAI Universe 針對 RL 代理提供了非常豐富的訓練環境。

8. 請參考 *RL 的各種應用*這一節。

第二章

1. `conda create --name universe python=3.6 anaconda`

2. 使用 Docker 就能一次打包應用程式與其相依套件，稱為 container。運用打包好的 Docker container 就能在不需要任何外部相依套件的情況下執行我們的應用程式。

3. `gym.make(env_name)`

4. `from gym import envs`
   `print(envs.registry.all())`

5. OpenAI 是 OpenAI Gym 的擴充，一樣提供了各式各樣的環境。

6. 佔位符（placeholder）是用於送入外部資料，變數則是用於持有各種數值。

7. TensorFlow 中的所有東西都會以由節點與 edge 所組成的運算圖來呈現，節點就是各種數學運算，例如加法與乘法等等，而邊就是 tensor。

8. 運算圖只能被定義；我們需要 TensorFlow 階段才能執行運算圖。

第三章

1. Markov 性質主張未來只與現在有關,而與過去無關。

2. MDP 是 Markov 鏈的延伸。它針對建模相關的決策情況提供了所需的數學框架。幾乎所有的 RL 問題都能用 MDP 來建模。

3. 請參考折扣因子這一節。

4. 折扣因子代表我們賦予未來獎勵與立即獎勵的重要性。

5. 我們使用 Bellman 函數來解 MDP 問題。

6. 請參考推導用於價值函數與 Q 函數的 *Bellman* 方程式這一節。

7. 價值函數代表某個狀態的良好程度,而 Q 函數代表某個動作在某個狀態中的良好程度。

8. 請參考價值迭代與策略迭代這兩節。

 第四章

1. Monte Carlo 演算法是用於環境模型未知時的 RL 問題。

2. 請參考使用 *Monte Carlo* 來估算圓周率這一節。

3. Monte Carlo 預測採用平均回報來推估價值函數,而非期望回報。

4. 對於每次訪問 Monte Carlo 法來說，在一個世代中每次拜訪某個狀態都會將回報進行平均。但在首次訪問 MC 法中，只會將一個世代中首次拜訪某個狀態時去計算平均回報。

5. 請參考 *Monte Carlo* 控制這一節。

6. 請參考現時 *Monte Carlo* 控制與離線 *Monte Carlo* 控制這兩段。

7. 請參考使用 *Monte Carlo* 來玩二十一點這一節。

 第五章

1. Monte Carlo 法只能用於世代型任務，而 TD 學習則適用於世代型與非世代型任務。

2. TD 誤差就是指實際值與預測值兩者之差。

3. 請參考 *TD* 預測與 *TD* 控制這兩段。

4. 請參考使用 *Q* 學習來處理計程車問題這一節。

5. Q 學習是根據 epsilon- 貪婪策略來選取動作，並選擇價值最高的動作來更新 Q 值。SARSA 也是根據 epsilon- 貪婪策略來選取動作，並同樣根據 epsilon- 貪婪策略來選取動作並更新 Q 值。

第六章

1. MAB 實際上就是賭場中常見的賭博拉霸機，你拉下手臂（拉桿）之後會根據某個隨機產生的機率分配來得到彩金（獎勵）。一台拉霸機就稱為單臂式吃角子老虎機，而多台拉霸機則稱為多臂式吃角子老虎機或 k 臂式吃角子老虎機。

2. 探索 - 利用困境發生於當代理無法確定是否要探索新動作，或根據先前經驗來使用之前的最佳動作。

3. epsilon 是用於決定代理會以 1-epsilon 機率來採用既有的最佳動作，或以 epsilon 機率來探索新的動作。

4. 可解決探索 - 利用困境的演算法很多，例如 epsilon- 貪婪策略、softmax 探索、UCB 與湯普森取樣等等。

5. UCB 演算法可根據信賴區間來選擇最佳手臂。

6. 湯普森取樣使用事前分配來進行估計，而 UCB 則是使用信賴區間來進行估計。

第七章

1. 神經元運用了稱為觸發函數或轉移函數的函數 $f()$，藉此對結果 z 導入非線性特質。請參考人工神經元這一節。

2. 觸發函數是用於導入非線性特質。

3. 我們會計算成本函數之於權重的梯度，藉此來最小化誤差。

4. RNN 不只會根據當下輸入值，還會根據先前的隱藏狀態來預測輸出。

5. 當網路在進行反向傳播時，如果梯度值愈來愈小，就稱為梯度消失問題，而如果梯度值愈來愈大，則稱為梯度爆炸問題。

6. 閘是 LSTM 的一種特殊結構，用於決定哪些資訊要被保留、捨棄與更新。

7. 池化層適用於降低特徵圖的維度，並只保留必要的細節，藉此降低計算量。

 第八章

1. **深度 Q 網路（DQN）**是可用於模擬 Q 函數的神經網路。

2. 經驗回放是用於消除代理經驗之間的相關性。

3. 如果使用同一個網路來計算預測值與目標值，兩者之間會有相當程度的發散，因此要使用獨立的目標網路。

4. DQN 會因為 max 運算子而高估 Q 值。

5. 雙層 DQN 是透過兩個獨立學習的 Q 函數來避免高估 Q 值。

6. 在優先經驗回放中，經驗會根據 TD 誤差來給予不同的優先權。

7. 競爭 DQN 將 Q 函數的計算過程拆解為價值函數與優勢函數，這樣才能精準預估 Q 值。

 ## 第九章

1. DRQN 運用了**循環神經網路（RNN）**，而 DQN 則只用了一般的神經網路。

2. 如果 MDP 為部分可觀察，DQN 就不適用了。

3. 請參考使用 *DRQN* 來玩毀滅戰士這一節。

4. 不同於 DRQN，DARQN 運用了專注機制。

5. DARQN 是用於理解並專注於重要性更高的特定遊戲畫面區域。

6. 軟性專注與硬性專注。

7. 範例程式碼中把生存獎勵設為 0，這樣即便做了沒什麼用的動作時，代理每走一步還是可以收到獎勵。

第十章 ▪▪▪

1. A3C 代表非同步優勢動作評價（Asynchronous Advantage Actor Critic，A3C）網路，運用了多個代理來平行學習。

2. 三個 A 分別代表非同步（Asynchronous）、優勢（Advantage）與動作評價（Actor Critic）。

3. 相較於 DQN，A3C 所需的運算耗能與訓練時間都更低。

4. 所有代理（工人）會在環境的副本中運作，之後全域網路再把他們的經驗聚合起來。

5. 熵是用確保有足夠的探索次數。

6. 請參考 *A3C 的運作原理* 這一節。

 第十一章 ▪▪▪

1. 策略梯度是一種神奇的 RL 演算法，可以透過一些參數來直接做到策略最佳化。

2. 策略梯度的效率來自不需要計算 Q 函數來找出最佳策略。

3. 行動者（Actor）網路是透過調整參數來決定在某個狀態中的最佳動作，而評論者（Critic）的角色則是負責評估行動者所產生的動作。

4. 請參考信賴域策略最佳化這一節。

5. 策略將不斷地被改良，並加入一項約束，讓新舊策略之間的 **Kullback–Leibler（KL）**散度得以小於某個常數。這個約束就稱為信賴域約束。

6. PPO 藉由把限制改為懲罰來修改 TRPO 的目標函數，這樣就不需要執行共軛梯度。

 第十二章

1. DQN 可以直接計算 Q 值，而競爭 DQN 則是把 Q 值的計算拆成價值函數與優勢函數。

2. 請參考回放記憶這一節。

3. 當使用同一個網路來預測目標值與預測值時，發散會變得非常大，所以要用到兩個獨立的目標網路。

4. 請參考回放記憶這一節。

5. 請參考競爭網路這一節。

6. 競爭 DQN 把 Q 值的計算拆成價值函數與優勢函數，而雙層 DQN 則運用了兩個 Q 函數來避免高估。

7. 請參考競爭網路這一節。

第十三章

1. 代理中的想像是指在採取任何動作之前的思考與規劃。

2. 想像核心包含了策略網路以及用於執行想像的環境模型。

3. 代理會持續取得來自人類的回饋,並根據人類偏好來修改其目標。

4. DQfd 會運用範例資料來訓練,而 DQN 則不會運用任何範例資料。

5. 請參考事後經驗回放這一節。

6. **層次強化學習**是用於來解決維度詛咒,把較大的問題拆解成階層式的多個較小的子問題。

7. 強化學習是根據指定的獎勵函數來找出最佳策略,但逆向強化學習則是先給定最佳策略之後,再試著去找出獎勵函數。

用 Python 實作強化學習｜使用 TensorFlow 與 OpenAI Gym

作　　者：Sudharsan Ravichandiran
譯　　者：CAVEDU 教育團隊 曾吉弘
企劃編輯：莊吳行世
文字編輯：詹祐甯
設計裝幀：張寶莉
發 行 人：廖文良

發 行 所：碁峰資訊股份有限公司
地　　址：台北市南港區三重路 66 號 7 樓之 6
電　　話：(02)2788-2408
傳　　真：(02)8192-4433
網　　站：www.gotop.com.tw
書　　號：ACD017800
版　　次：2019 年 05 月初版
　　　　　2019 年 12 月初版二刷
建議售價：NT$520

國家圖書館出版品預行編目資料

用 Python 實作強化學習：使用 TensorFlow 與 OpenAI Gym /
Sudharsan Ravichandiran 原著；曾吉弘譯. -- 初版. -- 臺北
市：碁峰資訊, 2019.05
　　面；　公分
　　譯自：Hands-On Reinforcement Learning with Python
　　ISBN 978-986-502-141-2(平裝)
　　1.Python(電腦程式語言)　2.人工智慧
312.32P97　　　　　　　　　　　　　　　　108007124